Ⓢ新潮新書

池田信夫
IKEDA Nobuo

脱炭素化は
地球を救うか

1054

新潮社

はじめに

２０２３年７月の記者会見で、国連のアントニオ・グテーレス事務総長は「地球温暖化の時代は終わりました。地球沸騰化の時代が到来しました。もはや空気は呼吸するのに適していません」と述べた。彼は水が何℃で沸騰するのか知らないのだろうか。２０２３年の地球の平均気温は、工業化前を１・45℃上回り、観測史上最高だったと世界気象機関（ＷＭＯ）は発表した。国連が努力目標として設定した１・５℃上昇まで、あと０・05℃まで近づいたが、幸い地球は滅びていない。

グテーレスは「地球を救え」というが、地球は救ってもらう必要がない。今まで地球にはマイナス20℃の氷河期もあれば、今より暑い中世温暖期もあった。そのときも地球の生態系が滅びることはなく、温暖期のほうが農産物は豊かだった。多くの動物にとっても、温暖化は望ましい。地球温暖化は（これまで数百年の気温に慣れてきた）人間だけの問題なのだ。

1・5℃上昇に近づいても、少なくとも東京では、日常生活に支障は出ていない。夏は真夏日が多くなったが、積雪がほとんどなくなり、冬は快適になった。今でも東京の2月と8月の平均気温は20℃違うので、1・5℃の違いは体感上わからない。世界各地で豪雨や洪水が増えたというニュースもあるが、寒波がひどいというニュースもある。異常気象の数は、平年並みである。その最大の原因はエルニーニョ（太平洋の高温化）の影響といわれ、長期的な気候変動ではないかもしれない。

マスコミには「気候変動で地球環境が危機に瀕している」という悲観論が多く、それに少しでも疑問を差しはさむと「温暖化懐疑論」としてグーグルの検索ではじかれたりする。他方でアメリカのトランプ前大統領のように「温暖化は作り話だ」という人もいて議論が二極化しているが、この問題はきわめて複雑である。

その原因は地球が大きいからではない。大きな天体でも、たとえば木星が100年後にどういう軌道を回っているかは正確に予測できる。それは惑星の軌道を決める変数が少なく、その運動が線形だからである。しかし大気は複雑系なので、一部のデータが動いただけで全体が大きく変化する「非線形性」がある。1週間後の天気も正確に予報できないのはこのためだ。

まして地球全体の大気を数十キロメートルごとに毎日観測した膨大な気象データを集計し、それを一つの流体としてスーパーコンピュータで挙動を計算し、100年後にどうなるかを予測することは「不可能なのでやるのは無駄だ」というのが科学的に誠実な答である。しかし「温暖化で地球が破滅する」と一部の政治家がいい始めたため、国連も調査を始めた。気候変動は科学の問題ではなく政治の問題になったのだ。

たとえば運動会の日に雨が降るのは困るからといって、運動場に屋根をつける学校はないだろう。屋根を建設するコストが運動会を延期するコストよりはるかに大きいからだ。気候変動も同じである。まず温暖化の被害がどれぐらいかを予測し、対策によってそれがどれだけ減らせるかというメリットを計算し、そのメリットが温暖化対策のコストより大きい場合には対策をとるべきだが、そうでないときは対策をとらないことが合理的である。

温暖化対策と称して各国が進めている政策は、気温上昇という自然現象を大気の組成を変えることで防ごうという壮大な試みだが、温室効果ガスを減らす政策に多額の公的投資をおこなうには、少なくとも次の3条件が必要である。

1　地球の平均気温が上がっており、その被害が大きい。
2　温暖化の最大の原因は人間の出す温室効果ガスである。
3　脱炭素化のコストは温暖化の被害より小さい。

このうち1については、少なくとも最近30年ぐらい地球の平均気温が上がっていることは事実である。ただ長期でみると1万2000年前に大きな気温上昇が起こり、1000年前の中世温暖期には今と同じような気温だったと推定されているので、温暖化は現代に特有の現象ではない。その被害について今のところ温暖化が原因とわかっているのは海面上昇と雨量の増加だが、それほど深刻な被害は出ていない。ハリケーンやサイクロンなどの異常気象が増えているという説もあるが、IPCC（気候変動に関する政府間パネル）の報告ではそういう傾向はみられない。

2は微妙だが、温暖化の一つの原因が温室効果ガスであることは間違いない。二酸化炭素（CO2）は最大の温室効果ガスではないが、人間の排出量が増えたので、それが温暖化の一つの原因になっている。しかし人間活動が最大の原因かどうかはわからない。大気に影響を与える圧倒的に大きな原因は太陽活動なので、それを捨象して将来予測はできない。

問題は3である。2023年に全世界で温暖化対策に使われたコストは1・8兆ドル（270兆円）と推定されているが、地球の平均気温は上がった。地球のあちこちで洪水が起きたとか山火事が起きたというエピソードはあるが、統計的な誤差の範囲内であり、温暖化との因果関係は不明である。それに対してCO_2排出を減らすコストは膨大であり、後述のようにそれを実質ゼロにするには全世界で毎年4・5兆ドルが必要である。温暖化の被害がそれより大きくない限り、温暖化対策は正当化できない。

本書はトランプのような「温暖化否定論」ではなく、温暖化が起こっていることは認めた上でその原因を考え、対策の費用対効果を考える「温暖化対策懐疑論」である。これは温暖化を疑うのではなく、それが人類の破滅をもたらすという悲観論を疑うとともに、人間が気候を変えられるという楽観論を疑い、温暖化対策の費用対効果を考えるものだ。

「温暖化は人類存亡の危機なのでコスパなんか考えるべきではない」という人もいるが、いま国連のIPCCが予想している3℃前後の温暖化で、人類の生存が脅かされることはありえない。むしろ政策資源が温暖化対策に片寄ることで、感染症や食糧危機などの生命にかかわる問題への開発援助が減っている。環境保護の目的は気温を下げることではなく快適な環境を守ることだから、これは本末転倒である。

本書で使う科学的データはＩＰＣＣの報告書などの標準的な数字であり、世界の科学者の多数意見に従っている。ただＩＰＣＣは科学的なデータを集計するだけで政策提言はしていないので、費用対効果も計算していない。それについてはＩＥＡ（国際エネルギー機関）などの調査結果を参照した。

「＊℃上昇」という数字がたくさん出てくるが、まぎらわしいので、すべて工業化前（１８５０〜１９００年の平均）を基準にした。ただし新書で厳密なデータ分析はできないので、くわしいことは参照文献や巻末の典拠を見ていただきたい。

地球温暖化についてほとんど予備知識のない人にもわかるように、ていねいに説明していきたい。文中の肩書きは当時、外国人の敬称は略した。

脱炭素化は地球を救うか——目次

はじめに　3

序章　地球は「気候危機」なのか

国連で話題になったスウェーデンの高校生、グレタ・トゥーンベリは地球温暖化で人類が「大量絶滅」するというが、これは嘘である。人類は絶滅どころか、人口が激増している。地球上の種の数は減っているが、その原因は温暖化ではなく、人類が環境を破壊し、天敵や害虫を殺してきたからだ。

グレタを利用しているのは、彼女を「人類の未来の代表者」として利用する大人である。国際紛争を調停する機能を失った国連は、今や気候変動が唯一の仕事になったので「地球温暖化の時代は終わり、地球沸騰の時代が到来した」という。本当に地球はそんな危機なのだろうか。

人類は大量絶滅の始まりにいるのか

地球の気温が上がると、具体的に何が起こるのか。温暖化の恐怖を予告してベストセラーになったデイビッド・ウォレス・ウェルズの『地球に住めなくなる日』の2023年版は、2℃上昇で「インドやパキスタンで数千人が死んだ2015年のような熱波が毎年おそうだろう」という。4℃上昇では2003年のヨーロッパのように毎日2000人死ぬ熱波が通常の夏になる。この時は3万5000人が死亡し、そのうちフランス人は1万4000人だった。[1]

1998年にはアメリカのインディアンサマー（秋の暑さ）で2500人が死亡し、2010年には5万5000人がロシアの熱波で死亡したという。彼は他にも洪水、サイクロン、山火事などアドホックな例をあげているが、それが増えたというシステマティックな統計データはない。熱波も洪水もサイクロンも、熱帯では日常茶飯事である。それが最近増えたという証拠もないのだ。

気候変動は統計的な頻度の問題だから、こういう事例を列挙しても、温暖化の証拠にはならない。2021年に発表されたIPCCの第6次評価報告書（AR6）は、気候変動に関連する文献を網羅的にサーベイしたものだが、熱波などの異常気象についてはこう書いている。

> 気候システムの多くの変化は、地球温暖化の進行に直接関係して拡大する。これには、極端な高温、海洋熱波、大雨、及びいくつかの地域における農業及び生態学的干ばつの頻度と強度の増加、強い熱帯低気圧の割合の増加、並びに北極域の海氷、積雪及び永久凍土の縮小が含まれる。（第1作業部会報告書　政策決定者向け要約Ｂ・２）

慎重な表現だが、異常気象の頻度が増えたとは書いていない。ＩＰＣＣはＡＲ６で初めて「人間の影響が大気、海洋、及び陸域を温暖化させてきたことには疑う余地がない」と断定したが、それは人間が温暖化を防げることを意味しない。昔からお天道様はままならないものの代名詞である。日照りが続いたとき、人々は雨乞いの踊りをしたが、それで雨が降るとは思っていなかっただろう。

　ところが各国政府は、人間が温暖化を止めることができるという。確かにCO_2排出を減らすことはできるが、それはもともと大気中に0・04％しかない気体で、１００年ぐらい残留する。その排出を減らしても、濃度はほとんど減らないのだ。このような脱炭素化による「緩和」に限界があることは、IPCCも強調している。

これまでの報告書ではもっぱら緩和についての対策を考えてきたが、AR6では「適応」についての報告書(第2作業部会)が設けられ、熱帯の災害を防ぐための堤防などのインフラ整備が論じられている。

熱波に関していえば、一番簡単な適応の方法は冷房することである。熱帯の国には、まだほとんどエアコンは普及していない。先進国がエアコンを配るほうが、莫大なコストのかかる脱炭素化よりはるかに安上がりだ。

都市の暑さの原因は気候変動ではない

真夏の暑さがひどいと、テレビで「地球温暖化の影響だ」というが、日本の都市部で体験する気温上昇のほとんどは気候変動の影響ではなく、建物や道路の照り返しによる「ヒートアイランド現象」(UHI)である。気象庁のデータをみると、図1のように日本全体の平均気温は100年間で1・5℃上がったが、東京・名古屋・大阪の3都市の平均気温は2・8℃上がった。この間に地球の平均気温は1℃上がったので、残りの

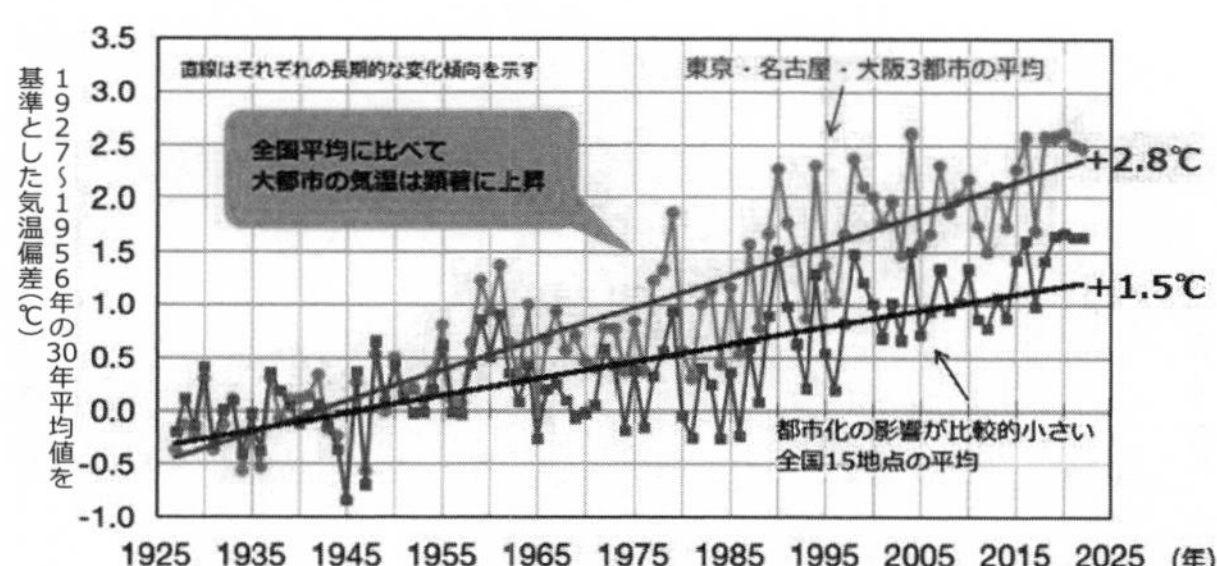

図１　ヒートアイランド現象（気象庁）

１・８℃はＵＨＩだと推定される。

図１からわかるのは、大都市の気温はこの１００年に２・８℃も上がったことだ。これはＩＰＣＣが２１００年までに起こると予想しているメインシナリオ（後述）とほぼ同じ上昇幅である。私はその７割の時間を生きてきたわけだが、温暖化を体感したことはない。しいていえば最近は東京で雪がほとんど積もらなくなったが、これはいい変化である。

都市部の観測点の気温はＵＨＩの影響を受けているが、平均気温を算出するとき「均質化補正」されているので、気候変動の集計データには影響がないというのがＩＰＣＣの見解だ。しかし気温は都市部とＵＨＩの影響のない観測点を平均して補正するので、都市の多い国では平均気温が高く出る傾向が強い。

また地球の平均気温の重要な指標になる気象衛星のデ

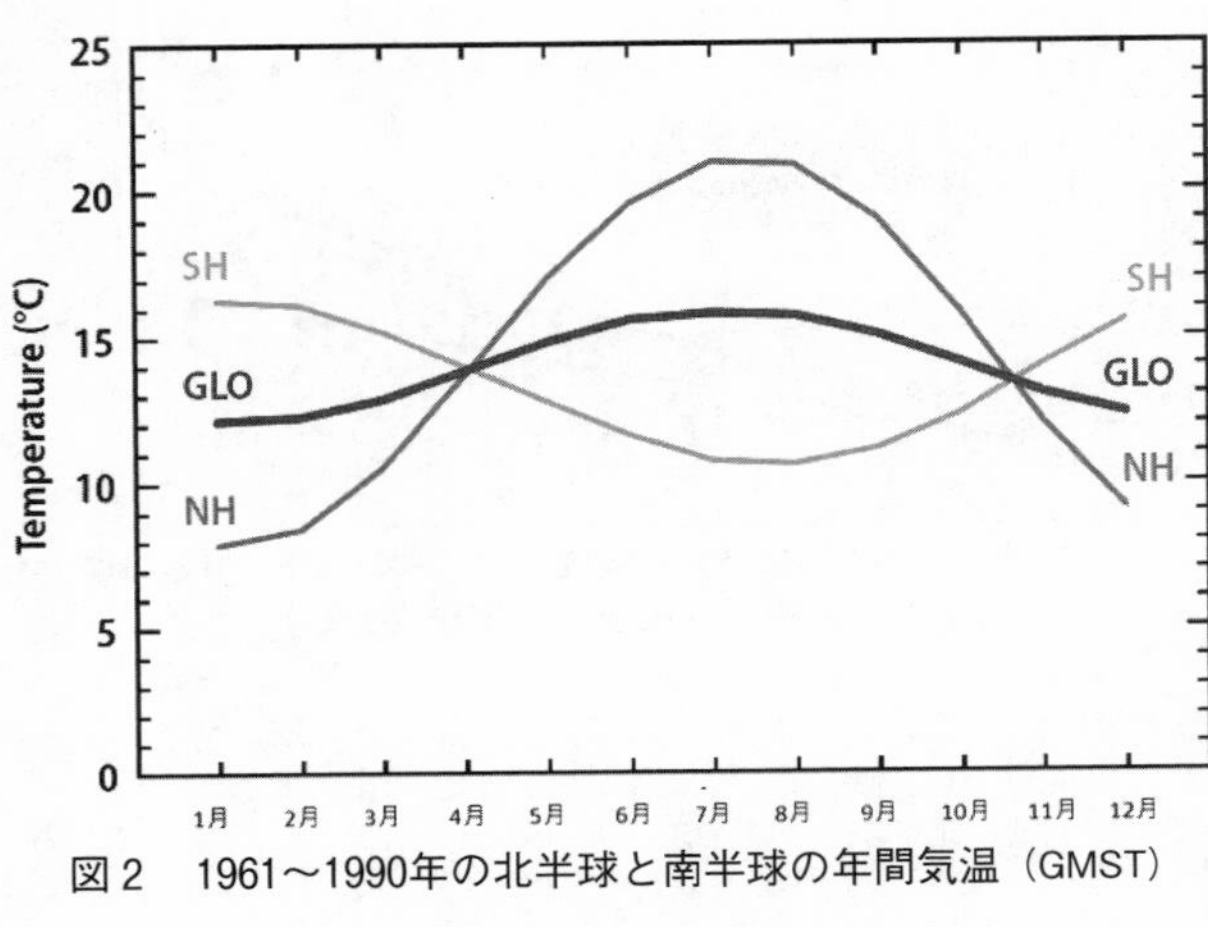

図２　1961～1990年の北半球と南半球の年間気温（GMST）

ータにもバイアスがある。図２のように気象衛星で観測した北半球（ＮＨ）の８月の気温は南半球（ＳＨ）の２月より５℃ぐらい高く、気温上昇も急速である。気候変動が北半球だけに起こることはありえないので、これは都市化の影響（ＵＨＩ）が衛星データに現れていることを示す。南半球が本当の平均気温に近いので、都市化の影響を除いた温暖化は、地球全体の平均（ＧＬＯ）よりかなりゆるやかな可能性がある。

地球の平均気温は今後80年でさらに２℃ぐらい上昇すると予想されているが、これは東京都と宮崎県ぐらいの差である。日本全体としては住みやすくなり、雪国では積雪が少なくなるだろう。北海道はリゾートとしては理想的な気候になる。農作物の生産も増えるだろう。少なくとも日本では温暖化（ＵＨＩを含む）の悪影響は考えられない。

地球全体でみても、温暖化の被害は都市に集中している。これは人口密集とＵＨＩの影響と考えられるが、その対策として脱炭素化は意味がない。ＵＨＩの最大の原因はアスファルトやコンクリートの照り返しなので、建物を木造に建て替えることが一つの対策である。都市の緑化も重要で、森林を伐採して太陽光発電所を建てるのは論外である。

気候研究者の確証バイアス

ＩＰＣＣが２００１年に発表した第３次評価報告書は「ホッケースティック曲線」と呼ばれる急速な気温上昇が見られると主張した。その根拠になったマイケル・マン（ペンシルバニア大学教授）の論文は木の年輪データから過去の気温を推定したものだが、ここ１０００年ほどゆるやかに下がっていた気温が、20世紀以降ホッケースティックのように急速に上昇したという。

ところが２００９年にイギリスの大学のメールサーバへのハッカーの侵入によって原データが外部に持ち出され、このホッケースティックについてのやりとりが世界に公開された。大学も電子メールが本物だと確認し、ニューヨークタイムズなど主要メディアもこれを報じた。その中にはＩＰＣＣの中立性を疑わせるやりとりがあった。
ある研究者は「過去20年間とキースの１９６１年以降の実際の気温を各シリーズに追加して減少を隠すというマイクのネイチャー・トリックを完了したところだ」という電子メールをマンに送った。[2]
この「ネイチャー・トリック」とはマンの論文で80年代以降の気温上昇を過大に見せ、60年代からの下降を隠す捏造を行なった疑惑である。これについては全米科学アカデミーが調査し、データを誇張した疑いがあるとしてＩＰＣＣの第４次評価報告書から「ホッケースティック」は消えた。しかしＡＲ６では復活し、図３のように現在の気温は過去12万５０００年で最高だとＩＰＣＣは主張している。
この原データを検証した科学者１５００人のグループによると、これは多くの年輪データの中から彼らの結論に都合のいいデータだけ拾った疑いがある。[3] もとの年輪データはノイズが多く、このような急上昇を示していない。20世紀の急上昇は都市化による温暖化（ＵＨＩ）で、人間活動が原因だという点では同じだが、脱炭素化してもＵＨＩは減らない。

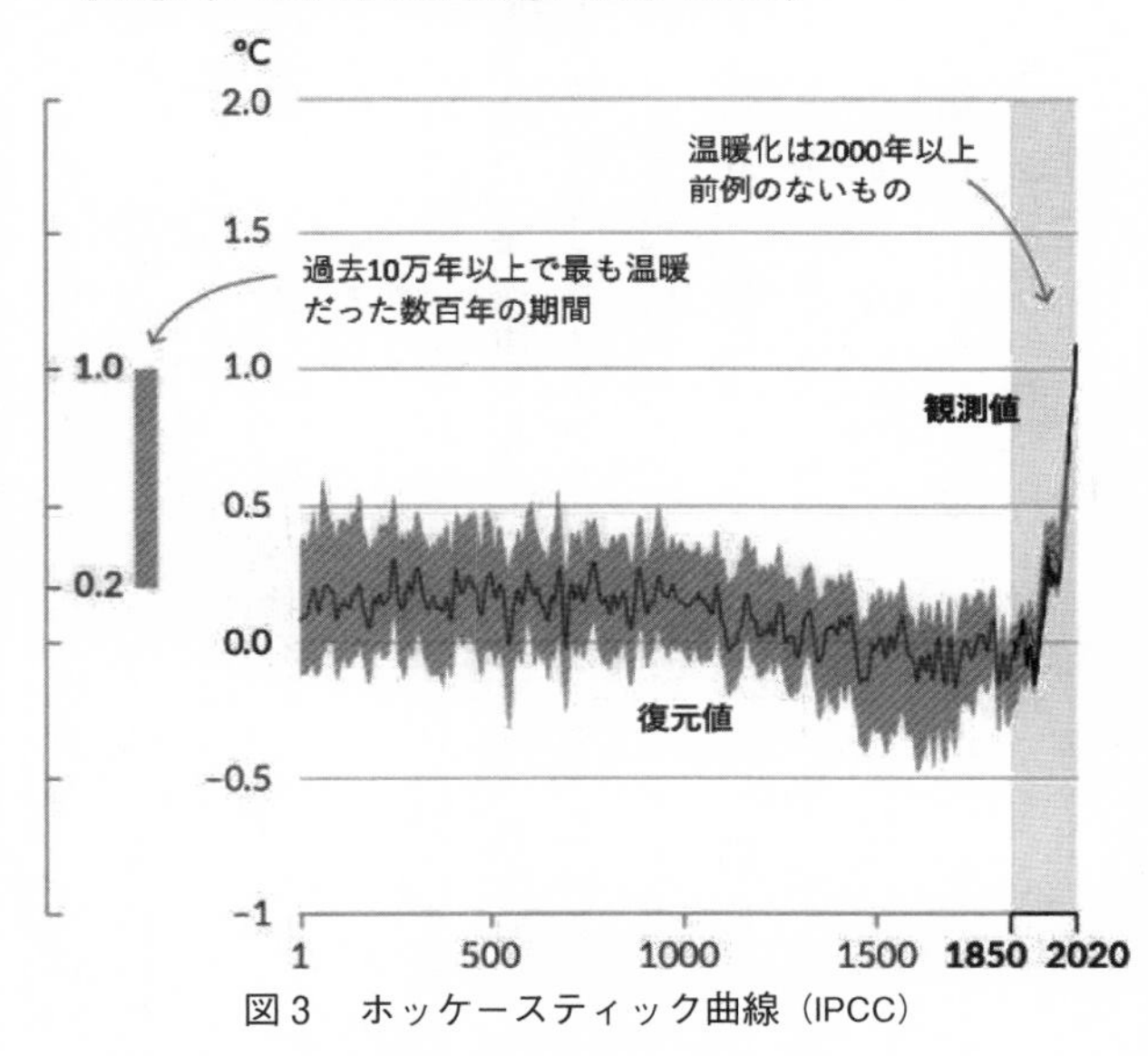

図3　ホッケースティック曲線（IPCC）

また温暖化の基準となる「工業化後」は1850〜1900年の平均気温を基準にするものだが、この時期に地球上で工業化していたのは、イギリスなど地表の面積の1％以下である。それが気候に影響を与えたとは考えられないが、ホッケースティック曲線は、1900年ごろから急速に立ち上がっている。

このように急峻な温度上昇は、異常気象の頻度などのデータと整合しない。年輪データから「1900年から温暖化が始まった」というストーリーに合わせて、都市部の（UHIの影響を受けた）データを選択した疑いがある。むしろ1850年までの小氷河期が異常に低温で、これを基準にするのはミスリーディングである。

また西暦1000年ごろの中世温暖期には北半球の気温が20世紀後半と同じぐらいで、グリーンランドはグリーンだった。このころCO2濃度は今より低かったので、これはCO2が温暖化の最大の原因だというIPCCのモデルとは矛盾する。この原因は太陽の活動が活発で雲が少なかったためと推定されているが、AR6はこれを「中世温暖期は全地球的な現象ではなかった」としりぞけている。

気候変動の研究には各国政府が巨額の補助金を出しており、その資金援助を受けた研究で「温暖化の影響は大したことない」という結論を出すことはできない。温暖化しているという仮説を立て、それに整合的な現象だけを拾い出し、それに合わない現象は無視する「確証バイアス」が強い。IPCCの数千ページもある報告書のほとんどは南半球の「温暖化」の報告で、北半球の「寒冷化」が弱まって凍死が減ることについての言及は半ページしかないのだ。

第1章　人間は地球に住めなくなるのか

地球温暖化が20世紀末から起こっていることは間違いないが、その原因が人間の排出する温室効果ガスかどうかはよくわからない。IPCCの第6次評価報告書（AR6）では「人間の影響が大気、海洋、及び陸域を温暖化させてきたことには疑う余地がない」と断定したが、それは都市化によるものかもしれない。

温暖化に人間活動の影響が大きいとしても、それが人類の生存を脅かすほど危険な現象とはいえない。人類の歴史をみても、文明が栄えたのは5000年前以降の温暖期や1000年前以降の中世温暖期である。温暖化のリスクがそのメリットより大きいとは限らないのだ。

人間の出す温室効果ガスの影響は1%程度

産業革命以降を「人新世」と呼んで、人類が地球環境を大きく変えたと思っている人が多いが、国際地質科学連合は2024年、20世紀なかばを「人新世」の始まりとする提案を大差で否決した。地球温暖化のすべての原因は、元をたどれば太陽のエネルギーである。その膨大なエネルギーが少し変動しただけで、地表には大きな影響が出る。人為的な要因は微々たるものだ。

石井菜穂子氏（東大理事）は、図4のようなスライドを根拠にして「人類が地球環境危機を起こした」というが、これはおかしい。「完新世」は今から1万2000年前に氷河期が終わり、人類が定住し始めた時代で、平均気温もその時期に大きく上がった。しかしこのとき人類の出すCO_2はほぼゼロだったので、温暖化が始まった原因が人間活動ではなかったことは明らかだ。その逆に、温暖化によって大気中のCO_2

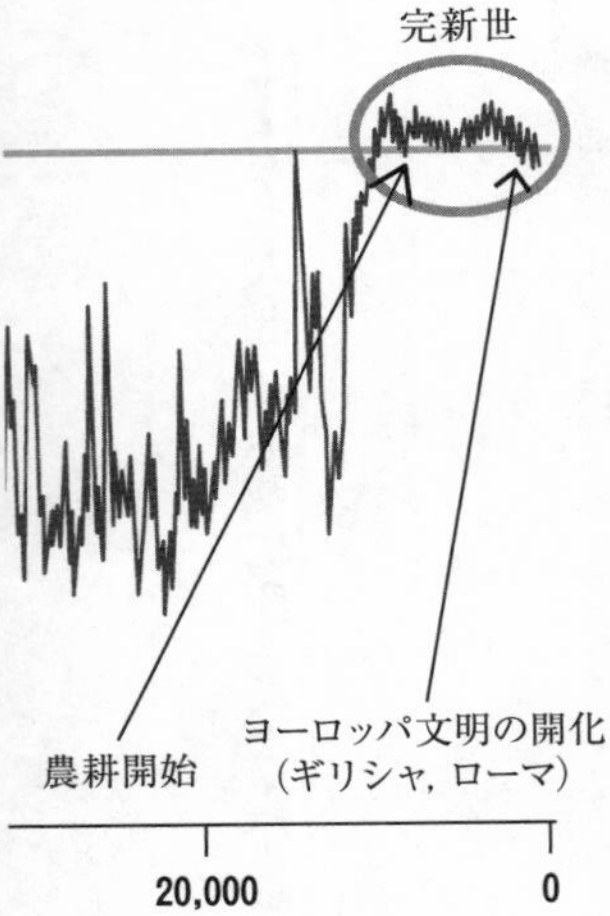

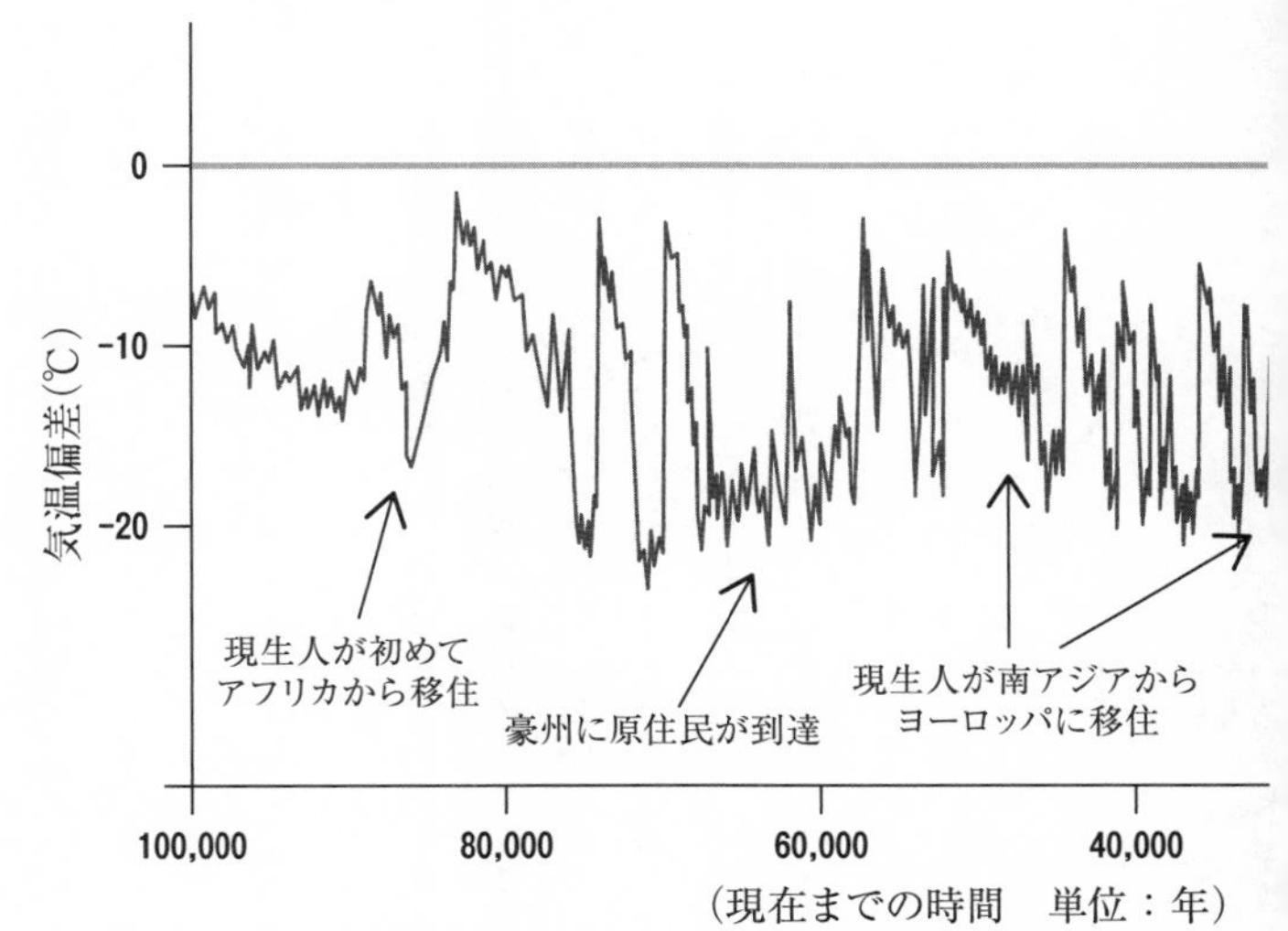

図４　過去10万年の気温変動（東大グローバル・コモンズ・センター）

が増えたのだ。

この図でもわかるように人類が農業を開始するはるか前から平均気温は20℃以上も変動している。温暖化の最大の原因は自然現象、特に太陽活動なのだ。温室効果というのは大気中の気体が地上からの放熱を防ぐ温室のようになって気温を上昇させる効果だが、最大の温室効果ガスは水蒸気である。大気中のCO_2濃度は0・04％だが、水蒸気は2％なので（他の要因は細かいので省略）、温室効果の48％は水蒸気で、CO_2は21％である。

CO_2のうち化石燃料で出るのは

年間50億トンで7％である。温室効果ガスの21％のCO2のうちの7％だから、全体の1％程度。これ以外の要因が一定の場合には、このわずかな人為的要因の変動が地球の平均気温に影響を及ぼすが、太陽活動などの自然条件も大きく変化しているので、人間活動の影響を正確に検出することはむずかしい。

スティーブン・クーニン（ニューヨーク大学教授）が1次データを詳細に検討して出した結論は、「気候変動の原因も将来の影響もまだ正確にはわからない」という平凡な答である。[4] 1900年以降、地球の平均気温が上がっていることは事実だが、それは人類の歴史上の最高気温ではない。気候システムの中で人間活動の比重は1％程度なので、あとの99％がちょっと変動しただけで相殺されてしまうのだ。

人類は今までの気温に順応して生活してきたので、それが急に変化すると移住する必要が生じるが、それは今の気温が最適であることを意味しない。人類はアフリカのサバンナで生まれたので、遺伝的には熱帯や亜熱帯の気温に適応するようにできており、寒さより暑さに強い。後述のように凍死で死ぬ人の数は熱射病で死ぬ人の9倍である。

意外に見落とされているのが、メタンの影響である。世界の温室効果ガスのうち、メタンは15・8％（CO2換算）を占める。これはメタンの温室効果が、CO2の28倍と高いためで、そのうち最大の24％を占めるのが、消化管内発酵つまり家畜のゲップやオナラである。このため畜産業と気候変動の関係も、最近注目されている。

長期的原因は太陽活動と地球の公転

２０２３年の地球の平均気温は観測史上最高だったが、この「観測史上」というのが曲者である。気温が観測され始めた１８５０年から現在までの１７０年は、46億年の地球の歴史の中では一瞬で、西暦１０００年ごろは今よりも暖かく、前述したようにグリーンランドはその名の通りグリーンだった。それより長い地質学的なスケールで見ると、現代はどう位置づけられるのだろうか。

そういう研究が正確にできるようになったのは、最近のことである。地層に含まれる炭素の放射性同位元素の量を測定して、気候が正確に推定できるようになったのだ。福井県にある水月湖（すいげつこ）には、そういう「年縞（ねんこう）」と呼ばれる地層がきわめて安定して蓄積されており、過去15万年の気候を推定できる。これは世界的にも珍しいサンプルで、今ではこの分野の世界標準になっているという[5]。

地球の気温を決める圧倒的に大きな原因は太陽活動だが、その周期と気温は必ずしも一致しない。地球の気温は氷河期と温暖期を繰り返しているが、今は例外的に温暖な時代である。その原因は人間活動ではない。温暖化は1万2000年前に氷期が終わったとき始まったからだ。気温の周期は地球の公転軌道の変化で起こるが、その軌道は徐々に楕円から円に近づき、地球は太陽から離れて寒冷化してきた。

ところが1万2000年前にそのトレンドから飛び離れて温暖化し、農業が始まった。これは今まで氷河期には育たなかった農作物が暖かくなって育つようになったためと考えられてきたが、これは地質学的な証拠と合わない。農耕が始まったのは氷河期が終わった約4000年後（今から約8000年前）だった。氷河期でも熱帯は農業が可能だったが、人類は狩猟採集で暮らしていた。

農耕が始まって人々が定住するようになったのではなく、定住社会が農耕を生んだのだ。氷河期の地球の人口密度は今よりはるかに低く、気候は不安定だったので、一つの場所に定住して同じ作物を多くの人が食べる農耕社会は冷害で全滅してしまう。それに対して移動して生活する狩猟採集民は、多様な動植物を食べて暮らしており、環境の変化に強い。気候が悪化したら、別の場所に移動すればよい。

こういう環境では狩猟採集のほうが農業より生産性が高かったが、温暖化が続いたため、農業の生産性が上がった。定住によって大規模な灌漑農業ができ、農民が国家を形成して戦争で拡大した。中国では遊牧民が農耕民を支配することが多かったが、そういう歴史は抹消されてしまった。だから今の地球温暖化が人類の活動によるものかどうかははっきりしないが、農耕社会が温暖化によるものであることは間違いない。

メインシナリオでは2100年までに3℃上昇

気温上昇についてＩＰＣＣは、ＣＯ２排出量に従って図5のような複数のシナリオを示しているが、長期的な気温の動向を示す「平衡気候感度」は２・５℃～４℃（最良推定値３℃）と推定した。これは大気中のＣＯ２濃度を２倍にした場合に温度が何℃上がって安定するかの推定値で、これまでは１・５℃～４・５℃と幅が大きかったが、今回は半分に狭まった。２１００年までに3℃上昇という限度で考えることができるようになったことは重要である。これは図5のシナリオの SSP2-4.5 に近い。

２０１３年に出た第5次評価報告書（ＡＲ５）では、RCP4.5（SSP2-4.5 相当）で２１００年までに１・８℃上昇となっていたのが、２０１８年の特別報告書（SR1.5）では２・５℃に上昇したが、ＡＲ６では２・７℃とほぼ同じである。これは石炭の消費が

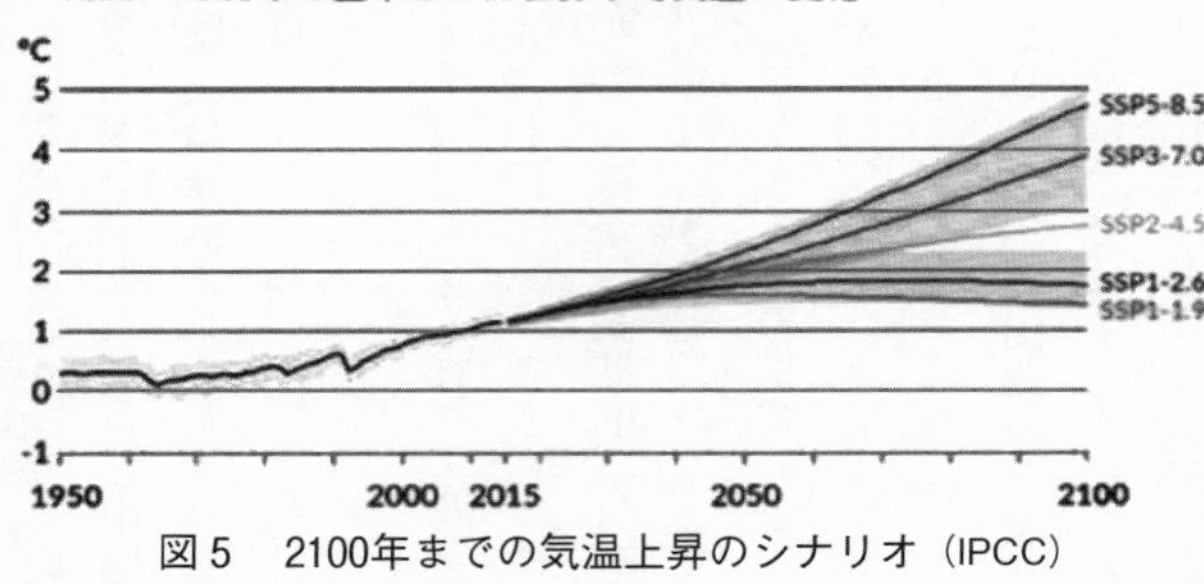

図５　2100年までの気温上昇のシナリオ（IPCC）

ピークアウトし、再生可能エネルギーが普及するなどの対策がきいた面もあるだろう。

重要な違いは、従来マスコミ報道のメインになっていたRCP8.5の「何もしないシナリオ」が参考値になったことだ。特別報告書ではRCP8.5をメインシナリオとして「1・5℃上昇で止めないと大変だ」とあおっていたが、今回のSSP5-8.5（RCP8.5に相当）は「可能性の低いシナリオ」である。マスコミが見出しにする「5℃上昇」などの極端な数字はRCP8.5シナリオだったが、最近はほとんど使われなくなった。

確実に起こる気候変動の影響は海面上昇だが、これは毎年7ミリ程度で、1日の潮位変化1・5メートルに比べれば誤差の範囲である。熱帯では洪水が重要な問題になるが、先進国では毎年の防災予算の範囲内だ。IPCCは、1・5℃上昇で「1976〜2005年を基準と

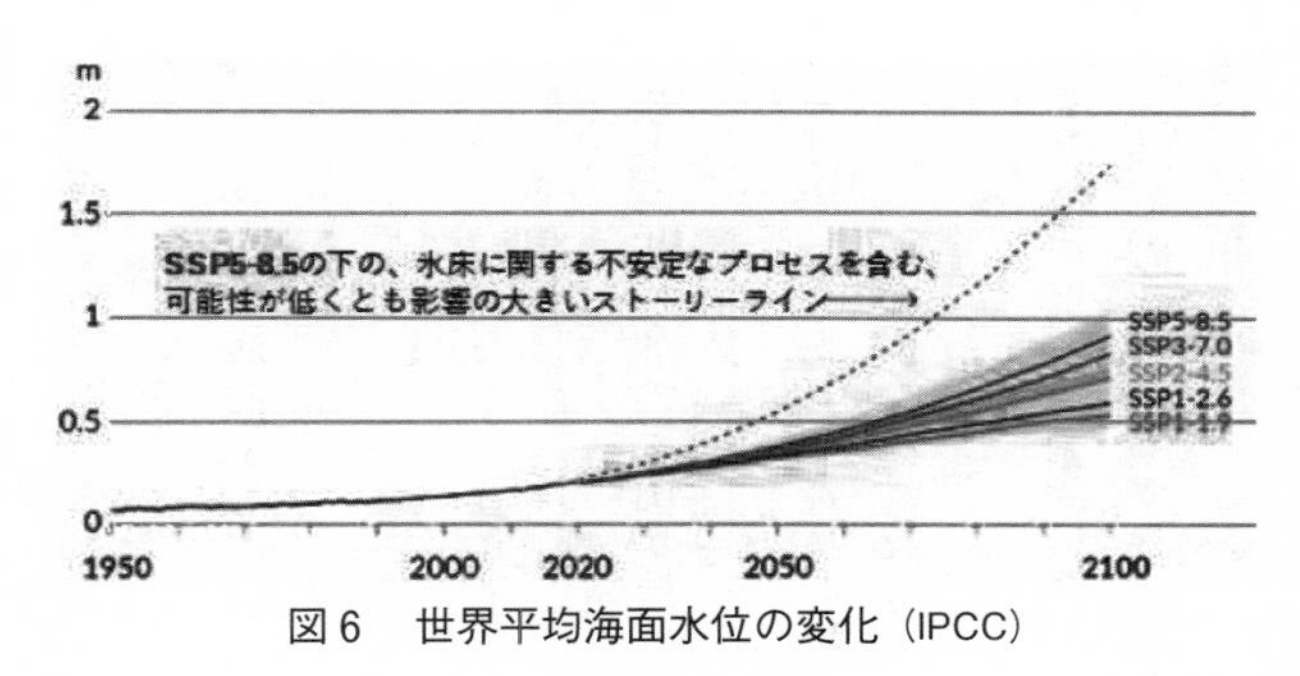

図６　世界平均海面水位の変化（IPCC）

して、洪水による影響を受ける人口が１００％増加する」と書いている。

この「影響を受ける人口」というのは、トリッキーな表現である。たとえばオランダの国土面積の１／４は海抜以下だから、今でもオランダ国民の多くは海面上昇の影響を受けているが、堤防があるので洪水の被害はほとんどない。東京湾の沿岸でも海抜以下に住んでいる１５０万人は海面上昇の影響を受けているが、堤防があるので洪水の被害はほとんどない。

熱帯の途上国で洪水の被害が増える最大の原因は、気候変動ではなく都市化である。農村から都市に移動してきた住民は、堤防のない低地に密集して住むことが多い。途上国にはラジオの台風情報もないので、逃げ遅れて何千人も死亡することが少なくない。

日本でも台風情報のなかった１９５９年の伊勢湾台風

の死者は5098人だったが、最近の気象災害で最大の死者は2018年の西日本豪雨の237人である。このような情報網の整備も「適応」の重要な項目である。

ここ10年の海面上昇は、WMOの集計によると毎年4・5ミリである。これはIPCCの予想する毎年7ミリを下回っており、先進国では毎年の防災対策の範囲内である。気候変動はゆるやかに起こっている自然現象であり、2100年までに2℃上昇ぐらいの変化は、少なくとも北半球では大した問題ではない。

ただIPCCは「可能性が低くとも影響の大きいストーリーライン」として、南極やグリーンランドの氷山が溶けて2メートル近い海面上昇が起こるケースも「排除できない」としている。2300年に最大7メートルまで海面が上がるという「可能性の低いシナリオ」もあり、最悪の場合は15メートルまで上がる確率もゼロではないので、後述の気候工学のような対策も考えておく必要がある。

異常気象の被害は劇的に減った

地球温暖化によって異常気象が増えているかどうかについて、IPCCは次のように定性的に報告している。

・極端な高温（熱波を含む）が１９５０年代以降ほとんどの陸域で増加している。
・極端な低温（寒波を含む）の頻度と厳しさは低下している。
・海洋熱波の頻度は１９８０年代以降ほぼ倍増している。
・大雨の頻度と強度は陸域のほとんどで、１９５０年代以降増加している。
・気候変動は陸域の蒸発散量の増加により、干ばつの増加に寄与している。
・強い熱帯低気圧の発生の割合は過去40年間で増加している可能性が高い。

このように異常気象が増えていると述べているが、奇妙なことに数字も図も出していない。そこでアメリカ政府の熱波についての統計を示すと、図７のようになっている。ウォレス＝ウェルズのいうような大きな熱波は数年に1度は来るが、その頻度は（１９３０年代を除いて）変わらない。最近とくに増えたわけでもない。サイクロン（熱帯低気圧）やハリケーンの頻度も図８のようにほとんど変わらない。[6]これらの傾向は、図３のホッケースティック曲線とは対照的である。１９００年ごろから急速に気温が上がっているのに、１９７０年以降も異常気象はほとんど増えていない。[7]

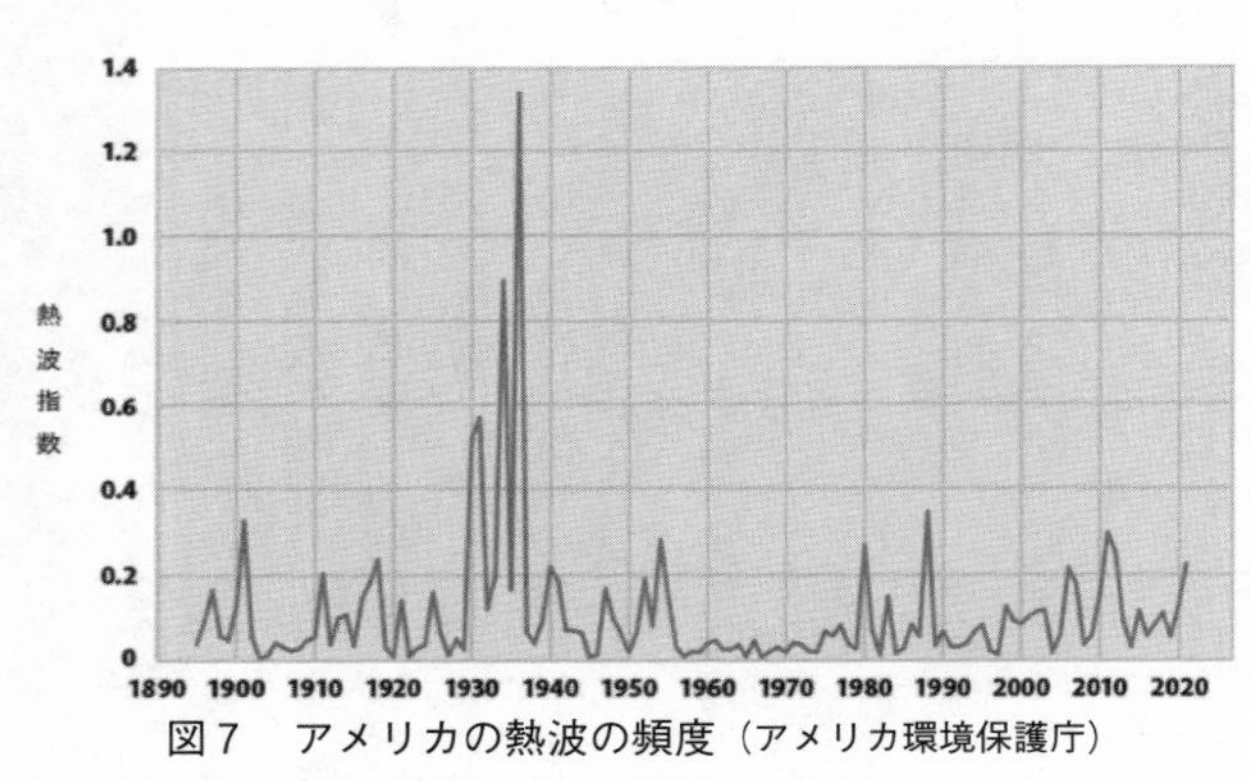

図７　アメリカの熱波の頻度（アメリカ環境保護庁）

ところがＩＰＣＣは数字も図も出さずに、次のように結論する。

要するに、熱帯サイクロンの性格が変化したという十分な証拠がある。カテゴリー3〜5の熱帯サイクロンの例とその急速な強化事象についてのグローバルな比率は、過去40年に増加したのだ

（第1作業部会報告 p.1587）。

この食い違いの原因として考えられるのは、ホッケースティック曲線は正しいが、異常気象の頻度が低すぎるのか、その逆かである。図7はアメリカ政府の統計、図8は各国政府の統計を集計した数字である。ＩＰＣＣの記述も「過去40年間で増加している可能性が高い」という奇妙な表現になっている。

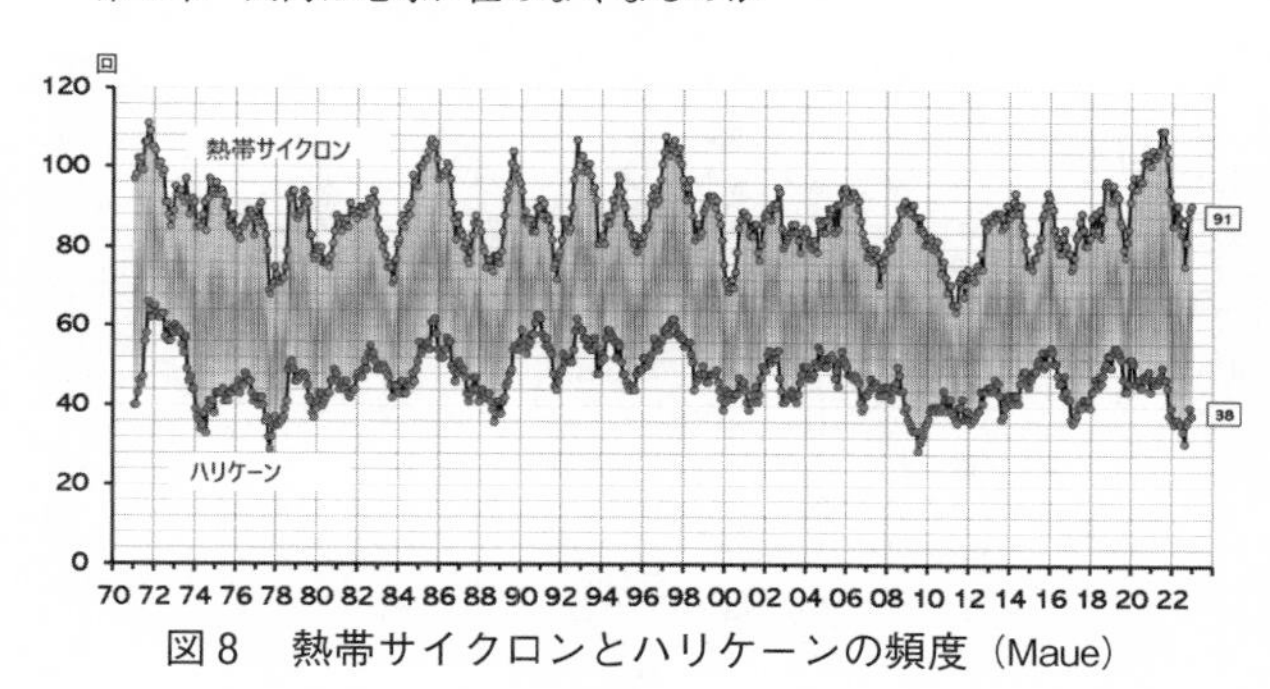

図8　熱帯サイクロンとハリケーンの頻度（Maue）

ここから考えると、過去30年間の気温上昇はホッケースティック曲線のように急ではなく、UHIのようなノイズが含まれているのではないか。あるいはホッケースティック曲線が、意図的に急勾配のデータを選んでつくられたという疑惑もある。

異常気象の頻度は変わらないが、その被害は大きく減った。EM-DAT（国際災害データベース）によると、図9のように自然災害の死者は、1920年代の年間55万人から2010年代には5万人に減った。自然災害による死者は、この100年で90％も減ったのだ。この原因は災害対策が整備されたからである。

温暖化で農業生産は増える

2021年に自民党の麻生太郎副総裁の「温暖化でコメはうまくなった」という発言が波紋を呼び、「地球温暖化を否定するものだ」と批判された。

暑くなった、温暖化した、悪い話しか書いてないけど、温暖化したおかげで北海道のコメはうまくなったろ？　北海道米は昔は厄介道米って言われてたじゃないの。それなのに今はおぼろづきとか名前をくっつけて金賞をとって、その米を輸出してんだよ。

この発言について岸田首相は陳謝したが、麻生氏は陳謝しなかった。これは間違っていないからだ。北海道の米がうまくなったことは事実で、その最大の要因は気温が上がったことだ。昔は冷害に耐えることが重要だったので、多少まずい米でもしょうがなかったが、最近は温度が上がったので生育がよくなった。しかもＣＯ２は植物の栄養分になるので、農研機構のシミュレーションでも、３℃上昇までは日本の農産物の収量は増える。[8]

世界全体でも、国連食糧農業機関（ＦＡＯ）のデータでは過去50年間に耕地面積は12％しか増えていないが、農業生産は3倍になった。ノーベル賞受賞者ジョン・クラウザ

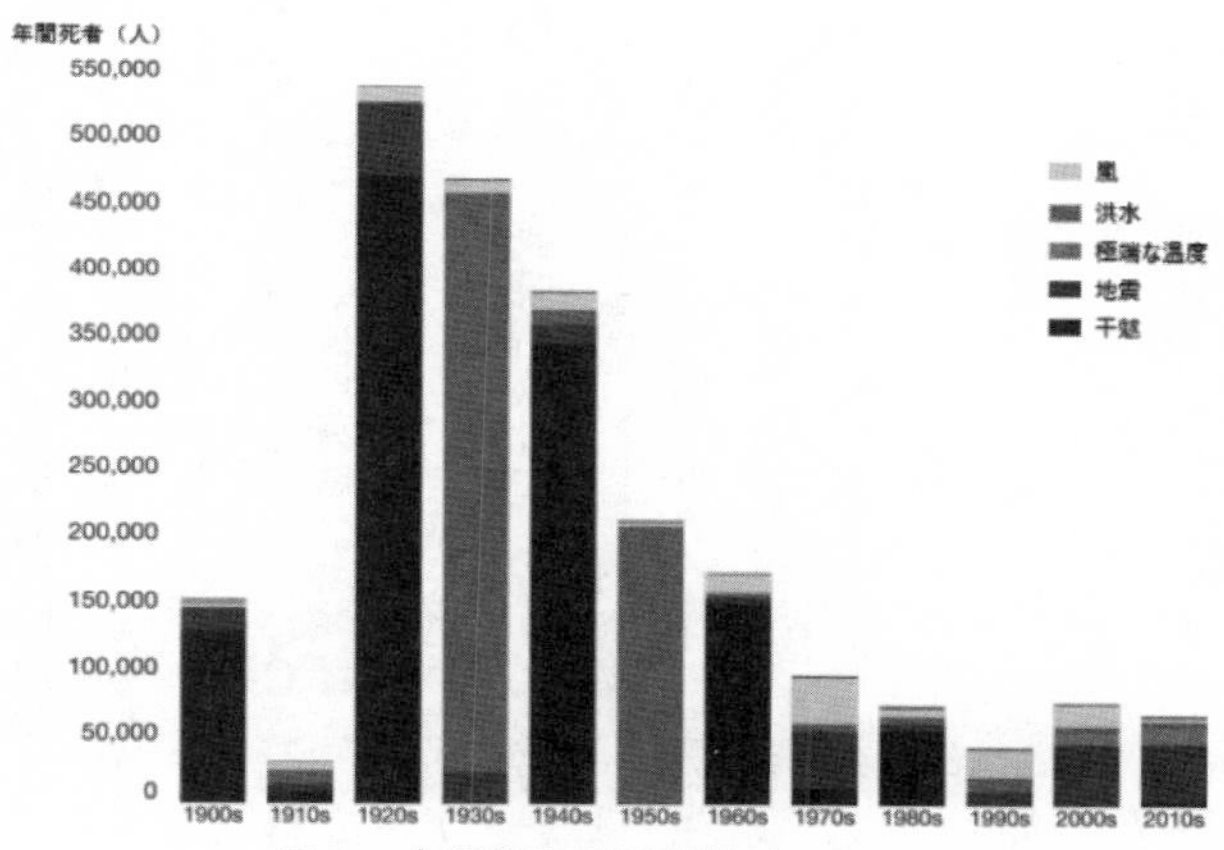

図９　自然災害の死者数（EM-DAT）

ーが理事になって話題を呼んだＣＯ２コアリションは、ＣＯ２の恩恵はその害より大きいと主張する。

　１９６０年代から今までにＣＯ２排出量は４・５倍になり、穀物生産は5倍になった。その理由は単純である。植物はＣＯ２が多いほど生長するからだ。ＣＯ２濃度が３００ppm増えると、果物の収量は60～70％増える。この効果はＩＰＣＣも認めており、温帯・寒帯（中・高緯度域）では産業革命前から３℃上昇までは小麦の収量は増加するが、熱帯（低緯度域）では減少する。これは熱帯の気温がもともと小麦には高すぎるためだ。

　他方でＣＯ２の施肥効果（植物に栄養を与える効果）は、濃度が今の４００ppmの

2・5倍になっても単調に増加する。こういう効果を考えると、温帯や寒帯では、CO_2の増加や温暖化で農業生産が低下することは考えられない。カナダやシベリアは穀倉地帯になり、日本でも北海道の農業生産は増えるだろう。

問題は熱帯である。IPCCは「砂漠化が起きている区域には、およそ5億人が暮らしている。乾燥地や砂漠化区域は気候変動や、干ばつ、熱波、砂塵嵐などの異常気象の影響を受けやすく、世界人口の増加がさらに圧力を加えている」というが、世界の農業生産は、地球温暖化にもかかわらず一貫して増えている。その最大の原因は、農業技術の進歩である。先進国では農業人口は減っているが収量は増え、その農業技術が途上国に移転されたため、世界全体の農業生産が増えた。

IPCCは熱帯の砂漠化によって食糧不足が起こると予想しているが、農業技術の進歩による収量の増加がそれを上回っている。人口が激増するので食糧不足が深刻化するというのがIPCCのシナリオだが、国連の予測では、世界の人口はアフリカ以外では2050年ごろから減り始め、全世界でも2100年に約100億人でピークアウトする。

食糧危機を解決するもっとも低コストの手段は脱炭素化ではなく、干魃に強い品種に変えるなどの農業技術援助である。少なくとも農業に関する限り、CO2を減らすことはプラスにならない。IPCCも温暖化への「適応」の重要な政策として、温暖化に適応した農業技術の開発を求めている（第2部会）。

地球温暖化は命を救う

IPCCも認めるように、極端な低温（寒波を含む）の頻度と厳しさは低下している。それならそのメリットを調査しないと気候変動の被害の全貌はわからないはずだが、そういう研究はほとんどない。

その数少ない例外が、2021年にThe Lancet Planetary Healthに掲載された論文である。大規模な国際研究チームが世界各地で2000～2019年の地球の平均気温と超過死亡率（平年より多く死亡した率）の関連を調査した結果は、図10の通りである。[9]

・「最適でない気温」によって、全世界で毎年508万人の超過死亡が出た。
・このうち寒さによる死者は459万人で、暑さによる死者は49万人だった。
・20年間に寒冷死は0・51％減り、暑さの死者は0・21％増えた。

・合計すると、気候変動で超過死亡率は0・3％減った。

寒さの死者は暑さの死者の9倍なので、暖かくなると超過死亡数は減る。この20年の気候変動で、世界の死者は毎年15万人以上減った。この調子で今後も気温が上がると、温暖化で死者が増える以上に寒冷化の緩和で死者が減り、全死者は減るだろう。

寒さによる超過死亡は、世界のほとんどの地域で減った。減少率が最大だったのは、東南アジアとオセアニアである。暑さによる超過死亡はほとんどの地域で増えたが、オセアニアと東欧で増加率が大きかった。この論文は「地球温暖化が正味の気温に関連する死者をわずかに減少させる可能性がある」と結論している。

この調査には温暖化で起こる洪水などの災害による死者や、温暖化で蚊が繁殖して感染症が増えるなどの被害は含まれていないが、これも雪や氷河による災害が減るメリットとどっちが大きいかはわからない。今後、温暖化の死亡率が相対的に増えるとしても、それが寒冷化の死亡率を上回る日が、近い将来に来るとは考えられない。それがおおむね超過死亡に中立だとすると、莫大なコストをかけて脱炭素化するのは無駄である。

気候変動で騒ぐ人々は暗黙のうちに現在の気温が最適だと想定しているが、地球の平

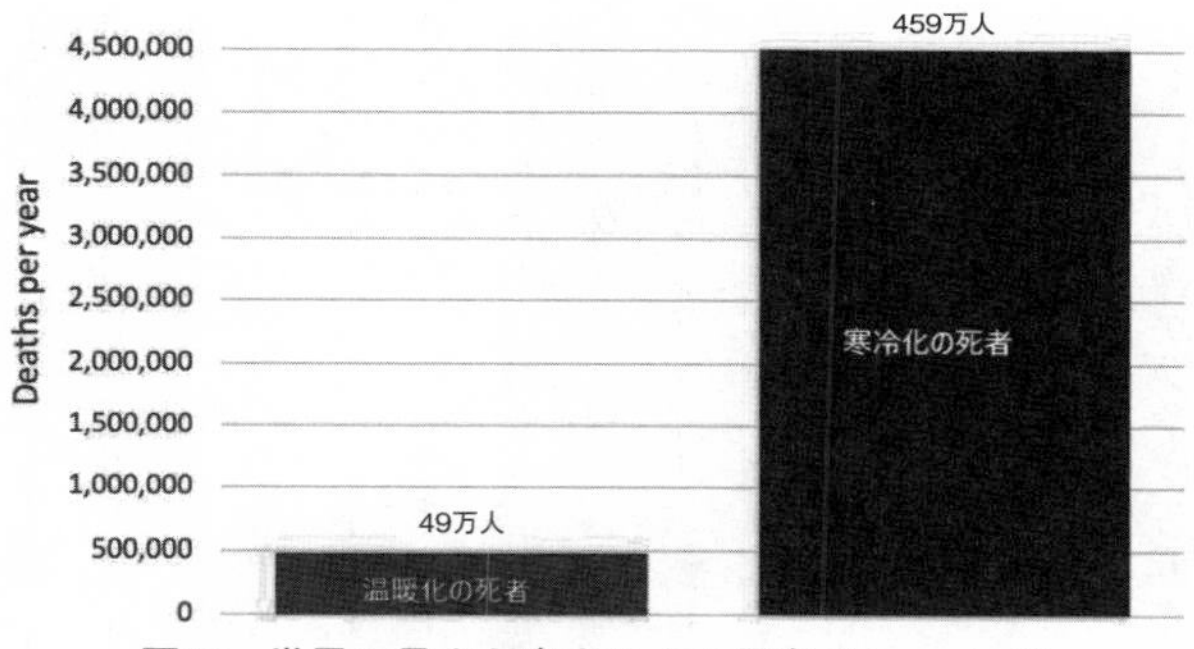

図10　世界の暑さと寒さによる死者（Zhao et al.）

均気温が上がって死者が減るのは、人間にとって地球の平均気温はまだ最適気温より低いことを示している。最適気温はこの超過死亡率が下げ止まる気温だが、暑さによる超過死亡率が寒さによる超過死亡率を上回るには、少なくとも４℃の気温上昇が必要だろう。

ところがＩＰＣＣのＡＲ６は、この Lancet 論文を第2作業部会の「温度関連の死者」（16.2.3.5）というセクションで1回引用しただけでその内容には言及せず、「寒さに起因する死亡率に関する世界全体の死者の正式の研究はほとんどない」という。政策立案者向けサマリーや統合報告書では、まったくふれていない。膨大な報告書の中で、寒冷死についてのデータが半ページしかないのは、温暖化のメリットを見ない確証バイアスである。

これは今後２１００年までにどうなるだろうか。同じ国際チームがそれを予測した2017年の論文は、2010年と比較して2099年までの超過死亡の変化を予測している。その結論は、IPCCの標準的なシナリオでは、世界全体としてはほぼプラスマイナスゼロになると予想している。[10]

超過死亡率を国ごとに予測したのが、経済学会誌QJEに発表された論文である。[11] ここでは地域ごとの死亡率を予測し、たとえばガーナでは今世紀末までに死亡率が17%増えるのに対し、ドイツでは15%減る。温暖化によって日本を含む北半球のほとんどの先進国で死亡率は減るが、熱帯では死亡率が増える。

地球全体としては、極端な高温の場合は死者が増えるが、IPCCの標準的シナリオではほぼプラスマイナスゼロである。死亡率の分布は、図11のようになる（円の大きさは1人あたりGDP）。年間平均気温が30℃近いニジェールでは死者は毎年10万人あたり140人増えるが、平均気温が3℃程度のフィンランドでは280人減る。日本は20人ぐらい減る。

もちろん北半球にとっても温暖化はいいことばかりではない。北極圏の氷が溶けて海面が上がる可能性もある。シベリアの凍土が溶けると住みやすくなるが、凍土の上に立っていた建物が倒壊する可能性もあり、凍土の下にあるメタンが地表に出ると、温暖化

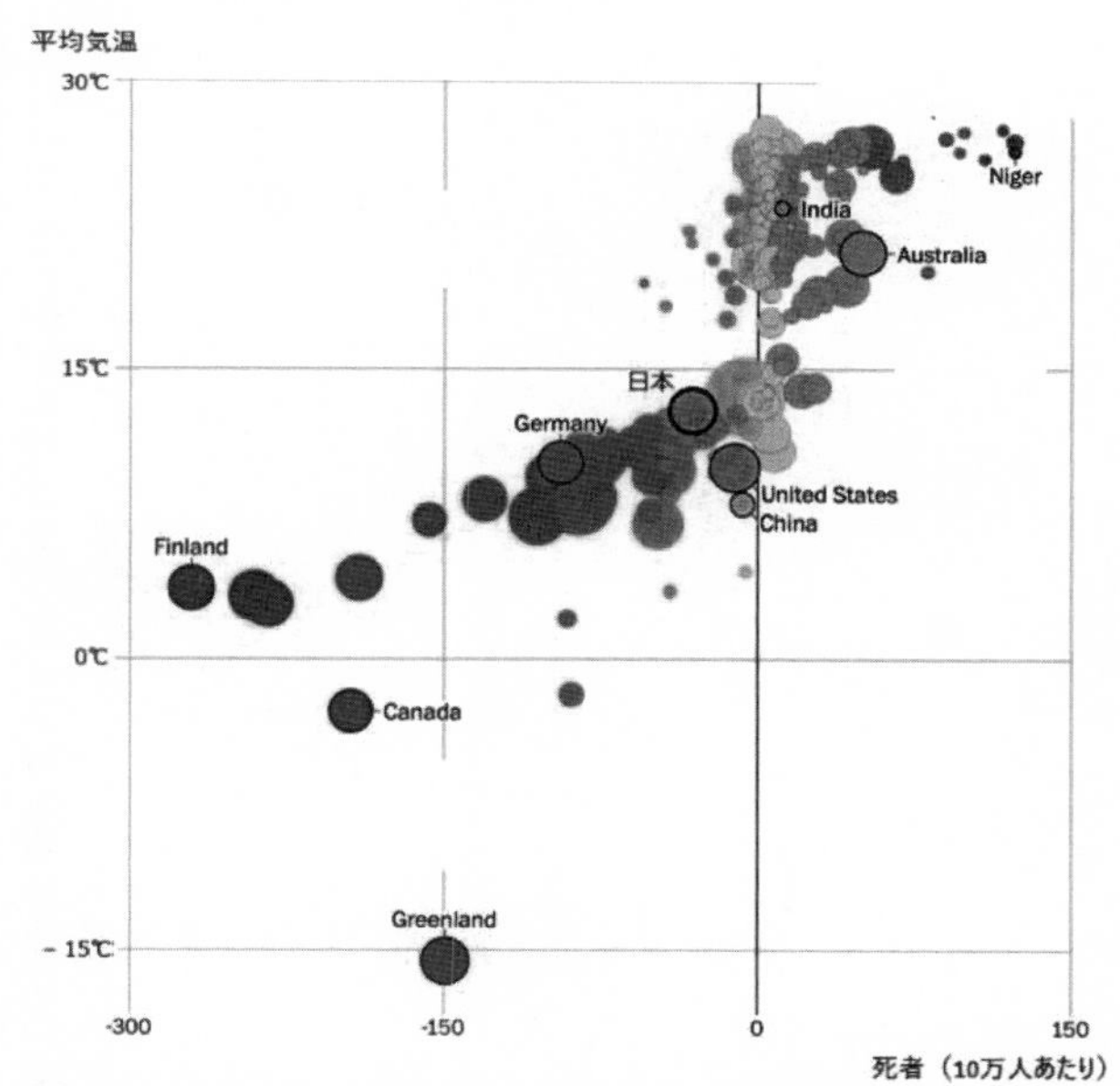

図11　平均気温と温暖化による死亡率の増加（Carleton et al.）

が加速度的に進むリスクもある。だが全体としては、ロシアやカナダの広大な凍土に住めるようになるメリットは大きい。

このように地球温暖化によって（日本を含む）先進国では、超過死亡率が減る可能性が高い。ゆるやかな温暖化なら死亡率は減り、北国では積雪がなくなり、北海道はリゾートになるだろう。幸いなことに地球に住めなくなる日は来ないが、熱帯では「気候難民」が増える可能性がある。

これは国境を越える難民ではなく都市への移住なので、都市のインフラを整備して人口の都市集中を促進する必要がある。

第2章　「グリーン成長」は幻想である

２０２０年10月の所信表明演説で、菅義偉首相は「我が国は、２０５０年までに、温室効果ガスの排出を全体としてゼロにする、すなわち２０５０年カーボンニュートラル、脱炭素社会の実現を目指す」と宣言した。これは事前にはほとんど予想されていなかったので、経済産業省はあわてて年末に「グリーン成長戦略」を出した。

翌年の元旦の日本経済新聞の1面トップは「脱炭素の主役、世界競う」だった。「カーボンゼロには21〜50年にエネルギー、運輸、産業、建物に計８５００兆円もの投資がいる」という景気のいい話だ。30年間に８５００兆円とすると、全世界で毎年２８０兆円。全世界のＧＤＰの約２％である。世界全体でそんな巨額の脱炭素化投資がおこなわれるのだろうか。

「カーボンゼロ」でもうかるという錯覚

よく読むと、この記事には「８５００兆円もの投資がいる」と書いてあり、投資が実際におこなわれるとは書いていない。投資がおこなわれるには収益が上がらないといけないが、脱炭素化は収益を生み出すのだろうか。

わかりやすい例として、ＣＣＳ（二酸化炭素回収貯留）を考えよう。これは大気中のＣＯ２を地中に貯留してＣＯ２濃度を減らす装置である。これによって大気中のＣＯ２濃度が下がり、それを開発して売った企業は利益を出すことができるが、ＣＣＳを使う企業が利益を上げることはできない。ＣＯ２を減らしても売上げは増えないからだ。それによってごくわずか気温が下がるかもしれないが、大気には価格がつかない。

ただジョン・メイナード・ケインズが「大蔵省が瓶に紙幣を詰めて廃鉱に埋め、失業者に掘り起こさせれば雇用が生まれる」と書いたように、穴を掘ってＣＯ２を埋めるＣＣＳも雇用を生み出す。これは失業対策事業として政府がやるならいいが、民間企業がやっても利益は１円も増えない。投資プロジェクトの価値を決めるのは投資収益だが、日経の記事には収益が書いていない。企業は何のために脱炭素化に投資するのだろうか。

第一は、企業イメージの改善である。このごろ世間では地球環境への関心が強く、地球にやさしい企業は高く評価される。たとえば「グリーン電力証書」は、再生可能エネルギーの電力を使ったという「環境付加価値」を証券化したものだが、キロワット時あたり7円ぐらいで、電気代の2割ぐらいだ。イメージアップにそれぐらい払おうという大企業はあるだろうが、それは総発電量の0・01％に満たない。

第二は、補助金の先食いである。たとえば政府は「GX（グリーントランスフォーメーション）投資戦略」で、今後15年間に水素に3兆円の補助金を出す予定だ。いま水素のコストは化石燃料の10倍以上だが、その差額を税金で補塡する。こういう補助金が永遠に続くなら、あるいは技術進歩で採算がとれるようになるなら、水素への投資は意味があるが、永遠に続く補助金はなく、水素のコストが化石燃料を下回る見込みもない。それは水を電気分解してつくる2次エネルギーだから、それをつくる電力より安くならないのだ。

第三はESG（Environment, Social, Governance）投資である。これは「環境に関連する投資」という意味で、石炭やタバコなど健康に悪い銘柄を排除したファンドである。2006年に国連が投資の意思決定にESGを反映させる原則を提案したことから始まったものだが、世界最大の資産運用ファンド「ブラックロック」が強くESG投資を推進し、その投資残高は全世界で約30兆ドルにのぼる。

ESG投資というモラルハザード

ESG投資は再生可能エネルギーや水素など「環境にやさしい」といわれている技術を使う企業に投資し、石炭などの化石燃料を使う企業への投資を減らすものだ。石炭は各国で規制が強まっているので、資産価値が下がる「座礁資産」といわれている。他にもタバコや武器などを製造する企業への投資を減らすが、CO2を排出しない原子力にはなぜか投資しない。

投資家が自分の趣味でこういう慈善事業に投資するのは自由だが、それはリターンを求める投資とは違う。ファンドマネジャーの責任は投資家の収益を最大化することだから、その金を慈善事業に使うのは、他人の金で自分の名誉を買うモラルハザードだ、とミルトン・フリードマンは批判した。[12]

だからESGファンドの収益率が、他のファンドより高くなる理由はない。たとえばあるファンドが収益最大化の基準で組んだ100社のポートフォリオから、石炭を使う10社を排除したとすると、残りの90社からなるポートフォリオが、もとの100社より高い収益率を上げることは論理的にありえない。もし高い収益を上げたら、100社のファンドは収益を最大化していなかったことになる。

CO2排出を減らせばブランドイメージは上がるかもしれないが、収益は上がらない。しかし証券会社が「これからはESG投資だ」ともてはやしたのでESG銘柄が買われ、それによって株価が上がると多くの人が買うバブルが2010年代には起こった。

しかしESGバブルも終わった。日本の5本のESGファンドの成績をみると、TOPIX（東証株価指数）を上回っているのは1本だけである。アメリカでは共和党の主導で、投資収益以外の慈善事業に年金基金などを使うことを禁止する法律ができた。こうした情勢を受けて、ブラックロックのラリー・フィンクCEOは2023年に「もうESGという言葉を使うのはやめた」と宣言して話題を呼んだ。こういう話は昔、CSR（企業の社会的責任）としてもてはやされた。CSRも慈善事業だから悪いことではないが、それは収益のための投資ではなく、企業の飾りである。投資家が「この企業はグリーンだ」とか「意識が高い」と思うと、企業イメージが上がる宣伝効果があるので、ESG投資は収益に貢献する場合もあるが、営業利益は落ちるので、黒字の大手企業だけに許されるぜいたくである。

いま明らかに採算のとれない水素やアンモニアやCCSに企業が投資するのは、政府が将来それに補助金を出してくれることに賭けているわけだが、これはかなり危険な賭けである。のちにみるように2050年に排出ゼロにするには毎年数十兆円の投資が必要で、それをすべて補助金でまかなうことはできない。脱炭素化投資のうち、補助金で元がとれるのはごく一部である。それがわかってきたため、ESGファンドは売られるようになった。

脱炭素化と経済成長はトレードオフ

政府のGX投資戦略では「環境と経済の好循環」を掲げ、それを実現する手段としてカーボンプライシング（炭素税）をあげているが、これは矛盾している。温暖化対策によって好循環で成長できるなら、炭素税は不要である。日経新聞のいうようにカーボンゼロでもうかるなら、政府が何もしなくても、企業は利潤追求のために脱炭素化に投資し、収益が上がるだろう。

現実に起こっているのは、その逆だ。ウクライナ戦争以降の化石燃料不足によって、原油や天然ガスの価格が上昇している。世界の脱炭素化の先頭を切ったドイツは、主要

７カ国で唯一のマイナス成長になり、また「欧州の病人」になったといわれている。つまり脱炭素化と経済成長はトレードオフなのだ。

個別には、もうかる企業もある。電気自動車は成長するが、ガソリン車は衰退する。長期的には自家用車がライドシェアに置き換わると、乗用車は90％減る。これは脱炭素化には望ましいことだが、自動車産業は縮小し、成長率は落ちる。脱炭素化とは、こうしてエネルギー消費が減ることなのだ。

水素の価格はＬＮＧ（液化天然ガス）の10倍だが、政府が補助金を出して価格をＬＮＧ以下に下げると、それを輸入する商社や燃やす電力会社はもうかるが、ＧＤＰは減る。水素の生み出すエネルギーはそれをつくる電力より少ないからだ。２０３０年には世界のＣＯ２の半分以上は途上国（中国を含む）から排出されるようになるが、彼らにはそれを削減する財政的余裕がない。

世界の気候投資の８割は欧米やアジア太平洋で行われ、南米やアフリカにはほとんど投じられない。最大の問題は、途上国のインフラ投資などの「適応」だが、途上国には洪水を防ぐ堤防を建設する資金はなく、先進国も他国の防災問題には興味がない。おかげで適応は政治的には地味で、脱炭素化のようにセクシーな話題にはならない。

だから現実的な適応は、洪水や干魃の多い地域からの「気候難民」である。世界銀行は2050年までに全世界で4400万人から2・2億人が気候難民になると推定しているが、そのほとんどは都市への国内移動である。問題は温暖化ではなく、それによって人々の健康が悪化することなので、病院のない地方から都市に人口が移動することは悪くない。

水素の「炭素粉飾決算」

いま総合商社は「水素ブーム」だという。水素は宇宙にもっとも豊富にある元素だが、比重が軽いので大気中になく、液化するには零下250℃以下にしなければならないが、アンモニアは窒素と水素の化合物で扱いやすく、肥料などの材料として大量生産されているので、産油国のLNG発電所で水素からアンモニアをつくり、それをタンカーで日本に輸入するのだ。

これもLNGのエネルギーを水素に変え、それをアンモニアに変えて日本に運び、それを燃やして発電するものだから明らかな無駄で、直接LNGを日本に輸入すればいい。しかしそれだと、CO2が日本国内で発生する。産油国でLNGを燃やせば、それは日本の排出量にカウントされない。

つまりこれは日本の代わりに産油国でＣＯ２を発生させるだけで、地球全体として排出するＣＯ２の量は変わらないのだ。経産省の燃料アンモニア導入官民協議会によれば、アンモニアの発電単価はキロワット時23・5円ぐらいで、ＬＮＧの発電単価13円の約２倍である。

ＬＮＧのコストをわざわざ2倍にするビジネスは、資本主義ではありえないが、日本政府としては、ＣＯ２を日本の代わりに産油国で排出することに意味がある。特に電力会社の化石燃料をすべてアンモニアに変えれば、電力部門のＣＯ２排出量は現在の半分になるので、国際公約を満たせるかもしれない。

それならこんなややこしいことをしなくても、産油国から排出枠を買えばいいのだが、それだと日本政府の面子が立たない。それをごまかすために電力会社がアンモニアという形で排出枠を買い、そのコストを政府が補助金で埋め、税金で国民に転嫁するのだ。ＣＯ２の収支を「炭素会計」と呼ぶが、これはその粉飾決算である。１９９０年代に銀行が不良資産を子会社に付け替える「飛ばし」が横行したが、これもＣＯ２という不良資産を産油国に飛ばすだけで、地球環境問題の解決にはならない。

第3章　環境社会主義の脅威

約100年前、世界が大恐慌に陥ったとき、計画経済ですべての経済問題が解決すると考えた人々がいた。彼らの理想郷はソビエト連邦であり、その教義はマルクス主義だった。それが錯覚だとわかるまでに70年以上かかり、多くの人がその犠牲になった。

そして今、世界を環境社会主義がおおっている。彼らの理想は計画経済ではなく、脱炭素化である。ベストセラー『人新世の「資本論」』を書いた斎藤幸平氏（東大准教授）は1987年生まれだが、この世代には珍しいマルクス経済学者である。彼は「脱成長」でパリ協定の2℃目標を実現しないと人類は滅びるというが、もう一度だまされる人はそんなにいるのだろうか。

「脱成長」では何も解決しない

斎藤氏はCO2を削減するには成長率の低下は不可避で、両者の「デカップリング」は幻想だと主張し、成長を否定する「脱成長コミュニズム」を提案する。その中身は地球環境という「コモン」を共有し、市場価値ではなく「使用価値」を中心にした「アソシエーション」をつくろうという空想的社会主義である。生まれたころに社会主義が崩壊したので、斎藤氏はそれがいかに悲惨だったか知らないのだろう。

こういう「エコマルクス主義」は新しい話ではない。マルクスが『資本論』で自然の「物質代謝」を論じ、資本主義が生態系を破壊すると論じたことは事実だが、19世紀には労働者の貧困が圧倒的に重要な問題だった。彼らが豊かになるためには爆発的な成長が必要で、爆発的な富によって初めて労働者は自由になる、とマルクスは論じた。

その意味で彼は「生産力主義」であり、そこに限界もあるというのが1970年代の議論だった。コモンズとかアソシエーションというのも昔流行したが、柄谷行人氏のつくった共同体NAMは滑稽な失敗に終わった。資本主義の圧倒的な生産力に対抗できるアソシエーションはないのだ。

環境社会主義の思い込みは「成長が環境を破壊する」ということだが、これも迷信である。成長した先進国と貧しい発展途上国の環境を比べればわかるだろう。途上国ではまだ薪による大気汚染で多くの人が死んでいるが、先進国にはそんな環境問題はない。豊かになったから、環境にも配慮する余裕ができたのだ。成長ですべての問題が解決するとはいわないが、貧困で問題は解決しない。

こういう「脱成長」論は新しいものではない。1972年に発表されたローマクラブの『成長の限界』というレポートは、世界の科学者が集まってコンピュータによるシミュレーションで人類の将来を予測した。その予測は次のようなものだった。

・世界の人口、工業化、環境汚染、食糧生産、資源の枯渇における現在の増加傾向が変わらない場合、この惑星の成長は、今後100年以内に限界に達する。
・最も可能性の高い結果は、人口と産業能力の急激で制御不能な減少である。
・これらの成長を減速させることが必要であり、将来にわたって持続可能な生態学的および経済的安定の条件を確立することは可能である。

注目されたのは、資源の埋蔵量である。『成長の限界』によると、それが枯渇するまでの時間は、石油が50年、金が29年、銅が48年だった。とりわけ「石油があと50年で枯渇する」という予測は世界に衝撃を与え、「ゼロ成長」が流行語になった。この提言は１９７３年の石油ショックを予告したものとして世界に大きな反響を呼んだ。

それから50年たった今、石油や天然ガスの確認埋蔵量は増えている。シェールオイルやシェールガスなどの非在来型資源が開発されたためだ。その他の鉱物資源の確認埋蔵量も増え、見通せる将来に枯渇する可能性はない。世界の人口は増えたが、食糧生産も増えたので飢餓は減った。銅・亜鉛・鉛などの金属の確認埋蔵量も増え、石炭の消費量は２０１４年にピークアウトした。

地球環境を改善するのは豊かさである

ローマクラブの予測がはずれた最大の原因は、イノベーションを無視したことだ。石油ショックで資源価格が暴騰したので、新たな資源開発が採算に乗るようになった。資源価格が上がると、資源節約的イノベーションが起こる。自動車の燃費は、この30年で半分になった。「ピークオイル」という言葉の意味も変わり、石油の需要は２０２８年にピークアウトすると予想されている。

もう一つの原因は、経済成長を過大に想定したことだ。ローマクラブは「人口爆発」

でエネルギー消費が激増すると予想し、ＩＰＣＣは２１００年までに世界のＧＤＰが２０１８年の5倍になると想定した。しかし２０１０年代には先進国はほぼゼロ成長になり、その影響で途上国の成長も大きく減速している。

根本的な原因は、資本主義が「脱物質化」したことだ。１９９０年代から始まったデジタル革命でＩＴ産業が急成長したが、エネルギー消費はそれほど増えていない。日本では２０００年代前半にエネルギー消費はピークアウトした。豊かになるとエネルギー消費は減るのだ。

人々は貧困から解放されると、非物質的な豊かさを求める。食糧や生活必需品の消費は減り、地球温暖化のような日常生活に関係のない問題に関心をもつようになる。しかし途上国では今も、地球の平均気温より貧困や感染症が最大の問題である。先進国が工業化した１８００年以降、世界のエネルギー消費は35倍になったが、資本主義は人々を飢えや病気から解放した。

オックスフォード大学のOur World in Dataというウェブサイトには、世界の環境問題について多くのデータが集められ、視覚的に表現されているが、それを見るとほとんどの指標は大幅に改善されている。[13] たとえば１日１・９ドル以下の所得で暮らす貧困層

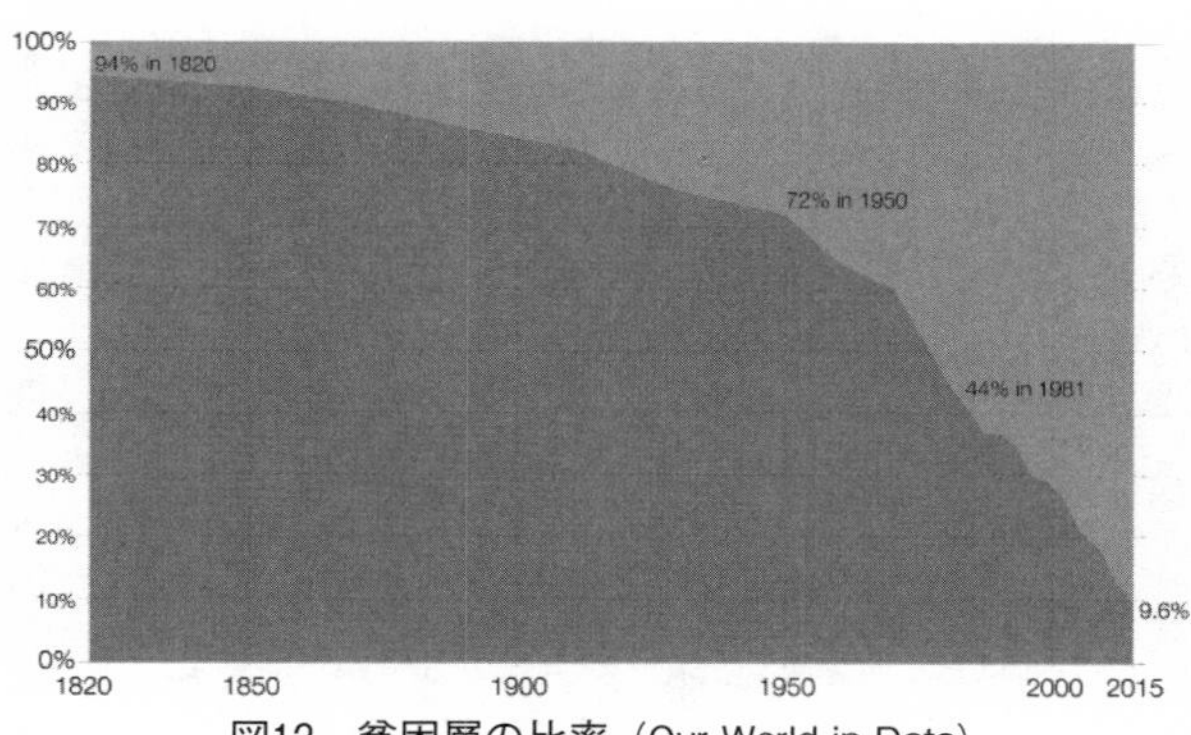

図12　貧困層の比率（Our World in Data）

の比率は、産業革命のころには94％だったが、今は10％以下になっている（図12）。

乳幼児死亡率（５歳以下）は43％から４・５％に下がった。21世紀に入ってからは、感染症も激減している。たとえばマラリアの死者は２０００年の83万９０００人から、２０１５年には43万８０００人にほぼ半減した。産業革命まで世界の平均寿命は30歳未満だったが、今は73歳になった。毎日１・９ドル以下で暮らす最底辺層は、産業革命のころの94％から、今は10％以下になった。人類はいま歴史上もっとも豊かで長生きなのだ。

このように世界の環境が改善した最大の原因は、発展途上国が豊かになったことだ。日本でも、すでに感染症や災害の被害は大幅に減った。途上国で最大の問題の一つは、大気汚染である。特に室内で木を燃やす煙で年間380万人が死んでいるが、これはガスや電力などのインフラ整備で減らすことができる。同じぐらい深刻な水質汚染も水道設備で減らすことができ、感染症も医療で改善できる。そのために必要なのは、経済成長とインフラ整備である。

緑の党はソ連の「トロイの木馬」

環境社会主義が生まれたのは最近ではない。1960年代に、世界中でベトナム反戦運動が起こった。そのイデオローグは西ドイツからアメリカに移住したフランクフルト学派で、ヘルベルト・マルクーゼは「旧左翼が敗北したのは労働者が豊かになって体制に取り込まれたからだ」と主張し、資本主義の豊かさを否定する闘いが必要だと学生を煽動した[14]。

豊かさを否定する闘いの目標としてアメリカで選ばれたのは人種差別だったが、ドイツでは環境破壊だった。ドイツ人には自然回帰の傾向が強く、森林破壊に反対する右派が1977年に「緑の党」を結成した。太陽を用いたそのロゴマークを描いたのは元ナチス党員で、太陽はナチスのシンボルだった。

ベトナム反戦運動が衰退すると、学生運動の残党は反公害運動に転身し、泡沫政党だった緑の党への「加入戦術」で党を乗っ取った。１９８０年代にＮＡＴＯの巡航ミサイルと戦術核がドイツに配備されると、全ヨーロッパで「平和運動」が起こり、緑の党はその中心となった。

ソ連は「平和運動」を資金的に支援し、東ドイツの秘密警察は西ドイツ国内に多数の工作員を送り込んで、原爆と原発を混同させる宣伝戦を繰り広げた。これによって反原発運動が始まり、環境活動家が生まれた。それは冷戦でソ連が西側を分断するために送り込んだ「トロイの木馬」だったのだ。

１９９８年のドイツ連邦議会選挙で、緑の党は社会民主党（ＳＰＤ）との「赤緑連合」で政権に入り、ヨシュカ・フィッシャーが副首相になった。彼はビジネスとしてもうからない反原発から、地球温暖化に反対する再生可能エネルギーに舵を切り、巨額の補助金で気候産業複合体をつくった。

アメリカでも学生運動が挫折して目標を失った若者が、環境運動に逃げ場を求めた。１９７９年のスリーマイル島原発事故をきっかけに反原発運動が始まり、それまで全米で１００基建設された原発は、それ以降、３基しか建設されていない。当時は環境問題といえば大気汚染や水質汚染などの公害で、左翼は「公害は資本主義の宿命であり、社会主義革命なしではなおらない」と主張していたが、環境基準が強化され、80年代にはほぼ解決した。

そんな中で、資本主義で解決できない唯一の環境問題が気候変動だった。1988年にジェームズ・ハンセン（コロンビア大学教授）が「地球は温暖化している」と警告し、気候変動という言葉は「温暖化」の意味で使われるようになった。当初それはイデオロギーを超えた人類の危機だと思われ、アメリカのアル・ゴア副大統領は「温暖化を放置すると海面が20フィート（6メートル）上昇する」と主張し、これはドキュメンタリー映画「不都合な真実」になった。

国連は地球温暖化の被害を検証するIPCCを結成し、2001年にはその第3次評価報告書が発表された。それによると2100年までに、地球の平均気温の上昇によって海面は9～88センチ上がると予測された。ゴアの予測は一桁大きかったのだ。6メートル海面が上がるのは人類の脅威だが、100年で88センチの上昇は、先進国では毎年の防災予算で対応できる。

これはゴアにとっては不都合な真実だったので、その後は具体的な数値をいわないで、洪水などの異常気象の恐怖をあおるようになった。環境危機をあおってきた活動家は引っ込みがつかないので「気候正義」という言葉を持ち出した。

これは発展途上国の温暖化で先進国との格差が拡大するという理由で、先進国に温室効果ガスの削減を求めるものだ。かつて環境保護は身の回りの環境を改善する運動だったが、今や成長を敵視して正義を求める反資本主義の運動になっている。それは豊かになって社会主義が魅力を失った先進国で活動家に残された最後のスローガンなのだ。

京都議定書はEUの罠だった

ゴアは気候変動問題の世界的なリーダーとして、1997年のCOP3で「京都議定書」を締結する中心人物となった。このときは副大統領が京都まで来て署名したのだから、アメリカは当然、京都議定書に入ると議長国の日本は考え、1990年比マイナス6%という温室効果ガス削減枠を飲んだ。これはアメリカのマイナス7%、EUのマイナス8%に比べると有利にみえたが、そこには落とし穴があった。

ゴアが京都に来る前、アメリカ連邦議会の上院は全会一致で「発展途上国が参加しないで先進国だけが削減の義務を負う議定書は承認しない」と決議していた。つまり最初からアメリカは議定書を承認しないことがわかっていたので、ゴアはどんな削減枠でも飲むことができたのだ。クリントン政権は議定書を上院に送付することもなく、2001年にブッシュ政権が正式に離脱した。

日本では通産省は国内で削減枠を各企業に割り当てる制度をつくったが、総論賛成・各論反対で、具体的な割り当てはまったく決まらなかった。国際的な割り当ても紳士協定で、削減量は各国の自己申告だった。

ヨーロッパが1997年の京都議定書の削減基準を1990年にしたのは理由があった。1989年にベルリンの壁が崩壊したあと、東欧諸国の社会主義政権は崩壊し、西側の企業が東欧に進出して古い工場を壊し、新しい工場に建て替えた。

これによってCO_2の排出量も大幅に減り、1997年ごろにはすでに8%ぐらい減っていたので、EUはほとんど何もしないで京都議定書の削減割り当てを実現できた。7%削減するアメリカは脱退したので、省エネでCO_2排出量が世界最少になっていた日本だけが、さらに6%も削減する義務を負わされたのだ。

この巧妙な罠をしかけたのは、ドイツの環境相だったアンゲラ・メルケルだといわれる。東ドイツ出身の彼女は、1990年を基準にすれば8%削減が容易だと知っていた。日本は2002年に国会で満場一致で承認したが、このとき霞が関でこれに反対したのは、経済産業省の環境政策課長だった澤昭裕氏と経済産業研究所の上席研究員だった私だけだった。

そのあと霞が関の某所で関係各省庁の環境問題専門家による会議が開かれた。“OFF THE RECORD”という表示の掲げられた会場で、座長だった環境省の課長に、私が「この目標は実現できるのか？」と質問すると、彼は「できない」と明言し、こう付け加えた。「しかし国会が決めたことなので、われわれは努力するしかない」。

1970年代の石油ショックは世界経済に打撃を与え、日本では「省エネ」が流行した。もともと資源の乏しかった日本では自動車も電機製品も節電型だったので、海外に輸出されて世界市場を席巻した。このときは政府が規制しなくても、資源節約はコスト削減になるので、多くの企業が競って省エネ技術を開発した。

しかし脱炭素化は、コスト削減にならない。この点では、脱炭素化は公害問題に似ている。このときは二酸化硫黄（SO2）などの大気汚染物質の排出を禁止したが、今回はそうは行かない。CO2は人間も含めて多くの生物に必要な物質だから、なるべくCO2を出さないように民間にお願いするしかない。

だが自発的な協力だけでは限界がある。排出ゼロという目標を本当に実現しようとすると、排出量の割り当てや課税のような統制経済が必要になるのだ。京都議定書の場合も、結果的には目標年次の2012年までに日本の排出量は増えてしまったため、排出枠をロシアや中国から買って1兆円以上の出費を強いられた。

パリ協定と1・5℃目標

これにこりて2015年のCOP21では、日本は罰則つきの条約に徹底的に反対し、各国が自主的にNDC（国が決定する貢献）を決める方式に変えた。パリ協定はCOP21で結ばれた条約で、世界各国が協調して温室効果ガスの排出量を減らすものだ。アメリカは「2025年までに温室効果ガス排出量を2005年に比べて26％減らす」と約束し、日本は「2030年までに2013年に比べて26％減らす」と約束した。

パリ協定の目標は世界のCO2排出量を大幅に減らし、2100年までに地球の平均気温を工業化後2℃上昇で安定させることで、努力目標として1・5℃上昇という目標も併記された。当時すでに1℃上がっていたので、これは今後1℃目標で抑えることを意味するが、法的拘束力はなく罰則もない。これを実現するには、2050年にCO2排出量を40～70％減らさないといけないが、パリ協定を完全実施しても30％ぐらいしか減らせない。

こういう場合は現実との接点をさぐり、2・5℃目標にするなどの実現可能な目標を設定するのが国際政治の常識だが、逆にEU諸国（特にドイツ）はますます先鋭化し、「1・5℃上昇に抑えないと地球が破滅する」というキャンペーンを始めた。2018年にIPCCは「特別報告書」を発表し、2℃上昇ではなく1・5℃上昇でないとだめだと主張した。

何もしないと、地球の平均気温は2030年ごろ1・5℃上がると予想されている。ここで温暖化を止めるには、2050年までに温室効果ガス（その8割がCO2）の排出をゼロにして炭素中立にする必要がある、というのだ。この実質ゼロというのは森林などで吸収する分を引いて計算するので、「炭素中立」、つまりカーボンニュートラルという。

この1・5℃目標には、どういう意味があるのだろうか。まず気温上昇については、IPCCは「中緯度域の極端に暑い日が約3℃昇温する」と書いているが、2℃目標と大きな違いはない。海面上昇については「1・5℃の地球温暖化で2100年までに26〜77センチの範囲で海面上昇が起こる」と予想しているが、これも2℃目標とほぼ同じだ。

問題は異常気象である。「強い降水現象」については「世界全体の陸域で、強い降水現象の頻度、強度、及び／または量が増加する」と書いているが、日本の「短期間強雨」はこの50年で50％程度増えた。IPCCは「干ばつの影響を受ける世界全体の都市人口が約3億5000万人になる」と予想しているが、これは日本とは無関係だ。洪水については「1976～2005年を基準として、洪水による影響を受ける人口が100％増加する」と書いている。これがIPCCのいう最大の脅威だが、特別報告書では堤防を建設すれば大部分が防げると認めている。

要するに2℃上昇で起こるが1・5℃上昇では起こらない現象は何もないのだ。IPCCがあげたのは、熱帯の珊瑚礁が99％なくなることぐらいだが、これも最近の研究では疑問とされている。生物の適応能力は、人間が考えているよりはるかに高いからだ。

温暖化は熱帯の防災問題

2019年に発表されたIPCCの「海洋・雪氷圏特別報告書」（SROCC）は、第5次評価報告書のデータにもとづいて海面上昇がどうなるかを予測している。今世紀末までに地球の平均気温が今より４・８℃上昇する最悪のシナリオでは、北極や南極の氷が溶け、２１００年に世界の海面は60～１１０cm上昇する。最悪の場合、２１００年までに何が起こるだろうか。

・小さな氷河が80%以上溶ける。
・熱帯では洪水が増える。
・太平洋の小島が水没する。
・サイクロンや豪雨が増える。
・海洋熱波は20倍から50倍に増える。
・熱帯では漁獲が減るが、南極海では増える。

このように地球規模でみると、ほとんどの被害は熱帯に集中している。先進国で考えられるのは毎年１センチ以内の海面上昇で、これは通常の防災対策の範囲である。つまり地球温暖化は、熱帯の防災問題なのだ。熱帯で熱波や干魃や洪水が増えていることは事実だが、寒帯では最低気温が上がるメリットのほうが大きく、温帯ではほとんど体感上の変化はない。

地球規模で最大の問題は、温暖化ではない。今も地球上では毎日1万人以上が、感染症で死亡し、大気汚染でも同じぐらい死亡している。まともな水が飲めず、家の中で木を燃やして暖を取るしかない最貧層が、世界にはまだ7億人もいるのだ。彼らが求めているのは100年後の地球の平均気温を下げることではなく、今すぐ必要な食糧や水や医療であり、それを実現する豊かさである。脱炭素化は、先進国の高価な自己満足なのだ。

グレタのようにヨットをチャーターして大西洋を渡れる金持ちの白人には、お金も経済成長もいらないだろうが、地球上の温室効果ガスの半分以上を出す途上国（中国やインドを含む）にとっては、100年後の地球の平均気温よりきょう生きることが大事だ。日本が地球環境に貢献できるのは脱炭素化ではなく、熱帯のインフラ整備に投資することだ。世界にはまだ経済成長が必要である。

第４章　電気自動車は「革命」か

脱炭素化で注目を浴びているのが電気自動車である。エンジンとモーターを併用するハイブリッド車（ＨＶ）はトヨタが世界のトップメーカーだが、ＥＵは内燃機関を全面禁止し、電池駆動車（ＢＥＶ）以外の販売を認めない方針を打ち出した。自動車産業は日本が世界トップの数少ない産業だが、もしガソリン車がなくなると日本経済に深刻な影響を与える。

「日本は遅れている」などと批判する人もいるが、ドライバーは社会奉仕のために車を買うわけではない。最近ではＢＥＶの販売台数の伸びが減速し、ハイブリッド車の売れ行きが過去最高を記録するなど、流れが変わってきたようにもみえる。

電気自動車で脱炭素化できるのか

電気自動車にもいろいろな種類があるが、ＥＵが電気自動車と認めるのはＢＥＶだけである。ＨＶは基本的にガソリン駆動で、プラグインハイブリッド（ＰＨＶ）はハイブリッド車に外部充電できるものだが、いずれも内燃機関である。普通のガソリン車と違うのは、エンジンで発電して電池に充電することで、燃費はいいが、構造が複雑でコストは高く、部品数は3万点ぐらいだ。

それに対してＢＥＶはモーターであり、根本的に違う構造である。内部構造は大幅に単純化され、自動車よりコンピュータに似ている。初期コストは今のところＨＶより高いが、電気代はガソリン代より安い。複雑なエンジン部品がなくなり、トランスミッションも必要ないので、部品数は2万点以下に減らすことができる。

技術的なエネルギー効率は、モーターのほうがエンジンよりはるかに高い。ガソリンエンジンの熱効率は最大40％だが、モーターの熱効率は90％以上である。エネルギー効率は電源によって異なるが、燃焼から駆動まで車内で行うガソリン車に対して、発電と駆動を分業するＥＶのほうが合理的である。熱を電力に変換して動力に変えるロスはあるが、発電は大規模な発電所で集中的に行えば、規模の経済が大きい。

だから今後50年を考えると、エンジンが徐々にモーターに置き換わるだろう。短期的には充電時間や航続距離などの問題もあるが、ＥＶに投資が集中すれば解決できる。これは大型コンピュータがＰＣに置き換わり、電話がインターネットに置き換わったのと同じネットワーク外部性の問題で、大量生産でコストが下がれば解決する。

しかし今すぐＥＶが普及するわけではない。半導体の素材は地球上で2番目に豊富なシリコン（珪素）だったため資源制約がなく、18ヶ月でコストが半分になるムーアの法則があったが、ＥＶの価格の40％を占める電池の材料はリチウムやコバルトなどの稀少金属なので、なかなかコストが下がらない。リチウムイオン電池は製造段階で多くのエネルギーを消費するので、現状で環境負荷がもっとも低いのはＨＶである。

製造から廃車までのライフサイクル全体をみると、日本では10万キロ走行まではハイブリッド車のほうがＣＯ２排出量は少ない。電池の製造に大量のエネルギーが必要であり、走行に使う電力の約80％が火力発電なので、電力を使うことは化石燃料を使うこととほとんど同じだからＣＯ２排出量は減らない。

EUは電気自動車を政治利用する

EU委員会は内燃機関の新車販売を2035年に禁止する方針を決めたが、EUのエネルギー担当相理事会は2023年3月、これを実質的に撤回した。昨年フォルクスワーゲン（VW）やメルセデスなど自動車大手を抱えるドイツが反対していた。今回の理事会決定はその妥協で、合成燃料（eフュエル）を使う内燃機関車に限って新車販売を認める。

合成燃料はCO2と水素を合成してつくる液体燃料で、現在のエンジンで走ることができる。投入するCO2と排出するCO2の量が同じなので炭素中立だが、コストはリッター当たり700円以上。今のところ実用にならないが、ガソリンでも合成燃料でもエンジンは同じである。そのうち「合成燃料は高価なのでガソリンでもいい」という決定が出ても、自動車メーカーは今と同じエンジンをつくればいい。おそらく主流はハイブリッド車になるだろう。

今まで「ハイブリッド車を含むすべての内燃機関ゼロ」というEUの方針は一貫していたが、その背景には、競争力を失ったヨーロッパの製造業を守ろうとする保護主義があった。EUは2000年代以降、きびしいCO2排出規制を行ったが、それをクリアしてハイブリッド車のベストセラー「プリウス」をつくったのはトヨタだった。

そこでEUはCAFE規制（企業別平均燃費規制）で対抗し、ガソリン車より燃費が3割ぐらいよいディーゼルエンジンを使う予定だったが、VWが環境規制のデータを偽造した「ディーゼルゲート事件」でこの戦略が破綻し、内燃機関ではCAFE規制をクリアできなくなった。とはいえEUにはハイブリッド車をつくる技術はないので、BEVで勝負する戦略を立て、EUもそれを守るためにHVを禁止する方針だった。

今のところBEVはガソリン車より高くて劣った技術だが、ポルシェなどの高級車なら勝負になる。ところが中国は、BEVを大衆車として売ろうとしている。EV最大手のBYDの最新車種は約7万元（140万円）で、テスラの最低価格の1／3。BYDの電気自動車（ハイブリッド車を含む）の2023年の世界販売台数は約300万台で、テスラを抜いて世界第1位になった。

EUは再エネでも初期には世界をリードしたが、中国の太陽光パネルメーカーが国家的ダンピングで世界市場を制覇し、EUも日本も国内メーカーは壊滅した。今回、EUが土壇場で引き返したのは、このままでは中国メーカーに電気自動車市場を食われ、欧州メーカーが壊滅すると考えたからだろう。

2050年排出ゼロは実現不可能で、科学的根拠もない。まして内燃機関をゼロにするとか石炭火力をゼロにするとかいうアドホックな目標には何の意味もない。それは政治的スローガンとしてわかりやすいだけだ。EUでは外交的な美辞麗句が武器であり、自分たちに有利なようにゲームのルールを変えることが最大の戦略である。

ドライバーは脱炭素化のために自動車に乗るわけではない。移動に快適であることが必要十分条件なので、EVがハイブリッド車より快適でなければ、補助金をつけても売れない。2023年には世界の自動車市場でハイブリッド車の新車販売台数の伸び率が30%となってEVの28%を超え、EVの成長も踊り場を迎えたとの見方が強い。EUもハイブリッド車を排除する規制を見送り、テスラの時価総額はピークから4割下がった。当分はPHVが現実的な選択肢だろう。

インターネット革命の教訓

この点で、インターネットの歴史は教訓的である。TCP／IPは1970年代からあったが、大学のLANで使われていただけだった。1993年にWWWのブラウザ、モザイクが公開されて爆発的に普及し、業務用にもIPを使う企業が出てきたが、NT

Ｔは最初はＩＰを公衆回線でサポートしなかった。その理由は、インターネットは多くのルータで情報を共有するので、ＮＴＴが通信品質を保証できないからだ。これに対してユーザーは、品質が悪くても安いＩＰを選び、インターネットは全世界に普及した。

ＥＶは今のところ初期費用（電池）は高いが、ランニングコスト（電気代）はガソリン代より安いので、所有しないでインターネットのようにシェアすればいい。自家用車の利用率は保有時間の３％しかないので、これをシェアすればコストは大幅に下がる。配車の駐車場で充電すれば、ＥＶのボトルネックになっている充電時間の問題も解決できる。

だから本質的な問題は電動車かどうかではなく、所有から共有への変化である。世界の圧倒的多数の人々にとって自家用車は贅沢品であり、先進国でも資源の浪費である。自動車がライドシェアで共有されるようになれば、台数は今の１／10以下になり、エネルギー消費もＣＯ２排出も大幅に減る。このようなMaaS（Mobility as a Service）の中核がＥＶである。これはＰＨＶでも可能だが、ＥＶの充電ネットワークができればガソリンスタンドはなくなる。

このようにネットワーク外部性が大きいこともインターネットと同じで、ある分岐点を超えると、多くの人がＥＶに乗るから量産で価格が下がり、価格が下がるから多くの人が乗る……という相乗効果で、あっという間に逆転する。しかし日本では、ライドシェアは禁止である。２０２４年4月から「日本型ライドシェア」が始まったが、これは単なるタクシー会社の業務委託である。

このようにＥＶの問題は複雑だが、移行するかどうかを決めるのはインフラであり、それを決めるのは政治である。インターネットは既存の通信網を利用できたので、10年ぐらいでプロトコルが転換したが、ＥＶネットワークの構築は民間だけではできない。テスラは独自の充電ネットワークを構築しているが、中国は国営ネットワークを構築している。

またＥＶは脱炭素化という政治問題とからんでいる。ＥＵはＰＨＶを含むガソリン車の販売を全面禁止する方向で、中国は全面的にＥＶに切り替える。当面はＰＨＶが有利だが、各国政府がエンジンを禁止し、世界の道路に充電ネットワークが整備されると、中国製のＢＥＶが世界を制覇する可能性もある。

そうなってもトヨタは工場を海外に移せばいいが、自動車産業は労働人口の8％を雇用する製造業の中核である。それが出て行くと国内には製造業の生産拠点がなくなり、日本人は対人サービス業で食っていくしかない。「ものづくりの時代は終わった」というのは錯覚である。サービス業で高い付加価値を上げられるのは、金融やソフトウェアや情報サービスなど高度な技術をもつグローバル企業に限られる。

ＢＥＶがＩＰと違うのは、それが今のところ「高くて劣った技術」だということだ。インターネットは安くて劣った「破壊的イノベーション」だったので、ローエンドの（圧倒的に多い）ユーザーを獲得したが、ＢＥＶは今のところ意識の高いドライバーの高価な装飾品にすぎない。

国際競争力の落ちたＥＵの自動車メーカーは恐れるに足りないが、中国政府はＥＶに多額の補助金を投じ、大衆車として売ろうとしている。まだ価格は高いが、充電ネットワークができれば充電時間や航続距離も問題なくなる。こうしてＥＶが「安くて劣った技術」になると急速に普及し、「安くてすぐれた技術」になると市場を制覇する。

中国には複雑なＨＶはつくれないので、部品が少なくて製造しやすいＢＥＶしか選択肢がない。そして世界中がＢＥＶを大量生産すると価格が下がり、それによって急速に普及する……というネットワーク外部性が働く、というのがインターネット革命の教訓だが、その「ティッピング・ポイント」ははるかに遠い。世界のＢＥＶ普及率は10％、日本では2％である。

解決策はライドシェア

電気自動車による脱炭素化の効果はそれほど大きくないので、自動車の台数が減らない限りCO2排出量は減らない。重要なのは自家用車を減らすことである。自家用車は20世紀のアメリカで生まれた浪費的ライフスタイルであり、世界の圧倒的多数の人々にとっては一生買えない贅沢品である。

日本の都市では電車とタクシーでほとんどの用は足りる。週末の家族旅行はレンタカーで十分だ。地方でもウーバーのようなライドシェア（配車サービス）が普及すれば、自家用車は必要なくなる。社会全体の走行距離は増えるが、自動車の生産台数は減るので、CO2排出量は90％減る可能性がある。

日本が脱炭素化する早道も、自家用車を減らすことだ。地球環境産業技術研究機構のシナリオ分析でも、ライドシェアで最終エネルギー消費は大幅に削減され、エネルギーコストも多くのシナリオの中でもっとも低い。ライドシェアは急速に普及しており、アメリカでは2030年までに90％以上の自家用車がライドシェアに置き換わるとアメリカ運輸省は予想している。[15]

問題は自動車産業の規模が大幅に縮小することだ。自家用車の走行距離は年間1万キロ程度だが、法人タクシーは10万キロだから、自家用車がすべて法人所有のライドシェアに置き換わると、乗用車の販売台数は減る。自家用車のコストが減ると可処分所得は増えるが、過渡的にはかなり大きな雇用の喪失が出る。自動車関連産業の労働者はライドシェアの運転手になるしかないが、これも自動運転が実用化すればなくなる。

これは「脱炭素化でグリーン成長」などというバラ色の話ではないが、コンピュータがネットワークに進化し、ソフトウェアが大産業になったように、自動車産業はサービス産業として生き残るしかない。国際競争力を失うと、鉄鋼など関連産業も壊滅する。

しかし日本ではライドシェアが進まない。タクシー業界は産業としては先細りで、規制で独占を守ることが唯一の利潤の源泉なので、政治力は強い。かつて農業が規制を守ったのと同じだ。国交省は、規制と補助金に守られて衰退した農業の轍を踏むのだろうか。

いま世界の自動車産業は大転換期にある。本質的な変化はガソリン車からＥＶへの転換ではなく、自動車の所有から利用への転換である。生産台数が90％縮小する産業で成長することはむずかしいが、消費者の選択肢は広がり、地方の「交通弱者」にも移動手段ができる。自動車はネットワークでつながれて移動サービス（MaaS）の中心となり、デザインも今までの自家用車中心の形から実用的なデザインに変わるだろう。

しかし国土交通省は2024年4月から「日本型ライドシェア」と称して、タクシー会社の個人への業務委託を拡大する制度を発足させた。これで日本はMaaSの飛躍的な進歩に取り残されるだろう。それはタクシー業界だけの問題ではなく、製造業の中心である自動車産業の成長にとって重い足枷になる。

第5章　再生可能エネルギーは主役になれない

民主党政権が脱原発の目玉にしたのが再生可能エネルギーだった。菅直人首相は「再エネ100％」という理想を掲げて、高価なＦＩＴ（固定価格買い取り制度）を決め、再エネには環境アセスメントもなしで認可をおろした。政府のエネルギー基本計画では、再生可能エネルギーは「主力電源」で、２０３０年には電力の36～38％が再エネ（水力を含む）で供給されることになった。

しかし日本の電源のうち再エネは20％前後で頭打ちになり、森林を破壊するメガソーラー（大型太陽光発電所）は周辺住民の反対運動で止まり、新規のＦＩＴ認定はほとんどなくなった。もともと平地の少ない日本で、土地集約的な再エネが主役になるはずがなかったのだ。

再エネ賦課金は40兆円

2011年3月11日午前の閣議決定で、再生可能エネルギーのFITが決まった。東日本大震災が起こったのはその日の午後だから、これは偶然だが、結果的には震災によって日本の再エネは激増した。その原因は、震災によって起こった福島第一原発事故を政治的に利用するために菅直人内閣が反原発路線をとり、「再エネ100%にすれば原発はいらない」というキャンペーンを張ったからだ。

孫正義氏（ソフトバンク社長）はFITの買い取り価格を「ヨーロッパ並みの価格」としてキロワット時40円以上を要求したが、これは金融危機で太陽光バブルが崩壊する前の価格だった。調達価格等算定委員会の資料でもドイツの買い取り価格は24・43ユーロセント（26・1円）で、イタリアやフランスもほぼ同じだった。

当初の買い取り価格は、住宅用でキロワット時あたり42円、メガソーラーで40円になった。当時すでにドイツでは全量買い取りは廃止されていたが、調達委員会は「最初の3年は例外的に利潤を高める」として、国際価格の2倍の価格を決めた。この価格を実質的に決めた当時の経産省の新エネルギー部長は、「原発事故で経産省のイメージが悪くなったので、クリーンエネルギーでイメージアップしたい」と語った。

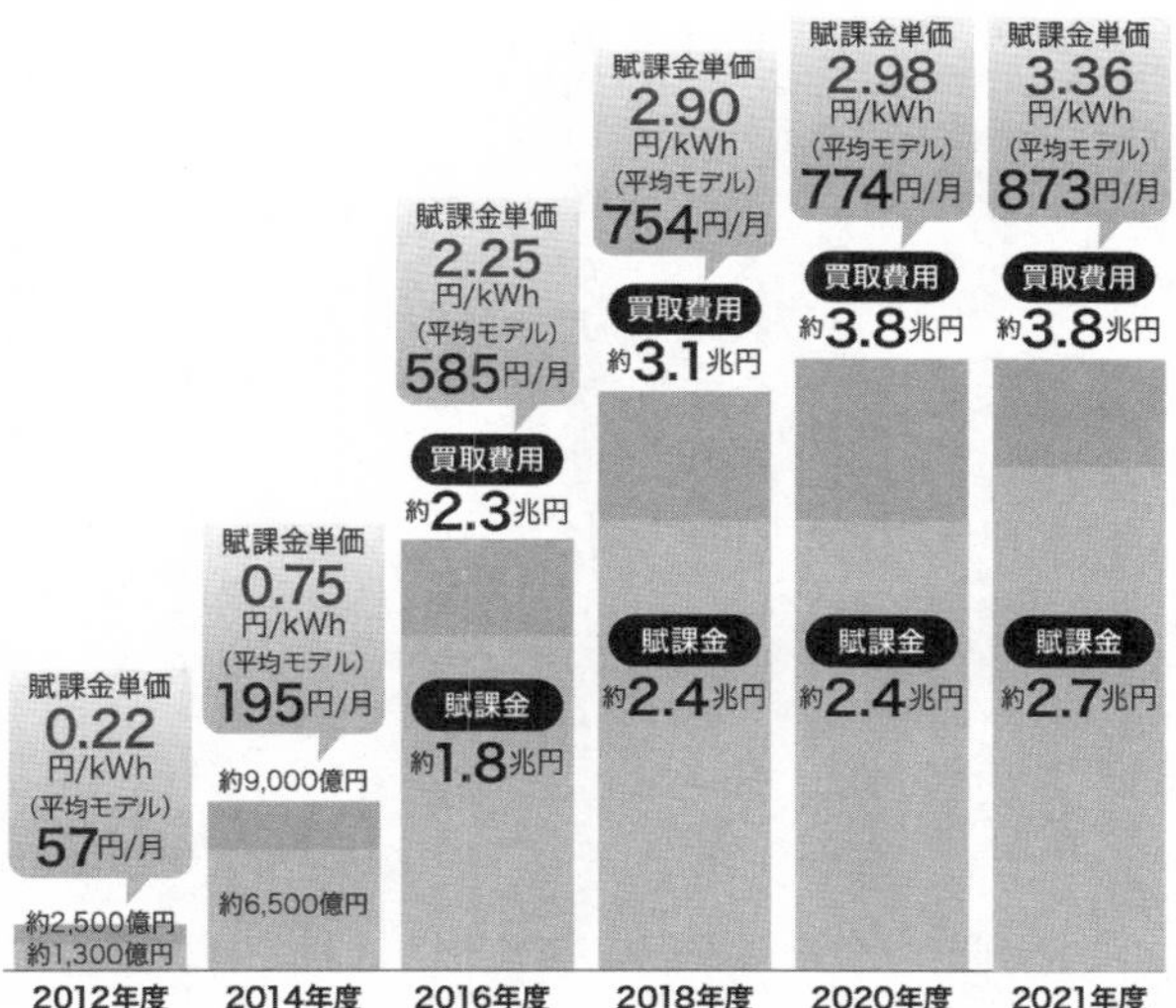

図13　再エネの買い取り額と賦課金（資源エネルギー庁）

その効果は予想以上に大きかった。再エネ特措法（再生可能エネルギー特別措置法）では運転開始の期限を定めないで土地さえ手当てすれば認定した。このため海外の投資ファンドが大規模な投資を行い、土地を取得して駆け込みで申請して買い取り価格を確定し、その権利を転売する業者がたくさん出た。初年度の2012年度には2500億円だった買い取り費用が、2021年度には3・8兆円と15倍になった。このうち2・7兆円が、賦課金として電気代に上乗せされた（図13）。

巨大な危険物メガソーラー

長崎県の宇久島で計画されている日本最大のメガソーラーが、2024年6月に着工した。出力は48万キロワットで、総工費は2000億円。パネル数は152万枚で280ヘクタールという、東京ディズニーランドの5倍以上の巨大な建築物が建設される。当初はドイツ企業が土地を取得し、京セラと九電工とオリックスが事業主体となって2013年3月末に事業認可を取ったことになっている。実はこのとき用地取得は終わっておらず、電力会社と接続して発電開始するのは2025年の見込みだが、FIT買取価格は2012年度の40円のままである。

発電所の事業認可は接続が終わってから行なうのが普通だが、2012年に再エネ特措法が施行されたとき、再エネ業者が「大手電力が接続契約を延ばしてサボタージュする」と主張し、民主党政権が「認定見込み」だけで買取価格を決め、発電開始の期限も決めなかった。

問題なのは、この巨大なメガソーラーに建築確認も環境アセスメントも実施されないことだ。民主党政権が建築基準法の適用除外の「電気工作物」とした結果である。おかげで宇久島の面積の1割以上を占めるメガソーラーは、集中豪雨が起きたら土砂崩れを起こすおそれがある。２０１９年からメガソーラーには環境アセスメントが義務づけられたが、それ以前に認定された宇久島は適用除外になった。

さらに危険なのは山火事である。メガソーラーで火災が起こったとき放水すると感電するため、消防士が消火できない。建築基準法の適用除外なので消防法の対象にもならず、長崎県も規制できない。和歌山県すさみ町の山火事では自衛隊ヘリが出動したが、4日間燃え続けて15ヘクタールが焼けた。

このようにメガソーラーは環境を破壊するため地元の反対が強く、用地買収しただけでは施工できない。２０２０年に運転開始したメガソーラーのうち、58％が２０１４年度以前に（32円以上で）認可を取得したまま運転できない休眠物件だった。今の原価は10円以下なので、32円以上で買い取ってもらえば莫大な利益が上がる。

「再エネＦＩＴは、穴だらけの制度設計でこのような「太陽光転がし」が多発したため、反社会的勢力の食い物にされた。初期に認定を受けると32円以上で20年間、巨額の利益を政府が保証する物件は、かつての不動産バブルと同じく反社の巨大な収入源になったのだ。

この発電設備がすべて稼働した場合、ＦＩＴ賦課金は毎年約2兆７０００億円、消費税1％以上だ。このコストは20年続くので、総額は2030年で40兆円以上にのぼる。電力利用者の超過負担は1世帯あたり毎月約1000円になる。これは貧しい人でも定額でかかる「人頭税」のようなもので、低所得者ほど負担が大きい。

このような膨大な負担が発生するのは、電力会社が買い取る価格が高すぎるからだ。2011年にできた再エネ特措法では、それまでの余剰電力の買い取りではなく、全量買い取りを電力会社に義務づけた。これによって電力会社は電力の質に関係なく、太陽光発電所からの電力をすべて買い取ることになった。

もう一つの問題は、書類審査による設備認定だけで買い取り価格が決まる制度の欠陥にある。2013年度末に駆け込みで3000万キロワット以上の設備認定が行われたのは、投資ファンドなどが大量の申請を出したためで、いまだに約7000万キロワットのうち6000万キロワットが、認定されたが稼働していない「ペーパー発電所」である。太陽光パネルは値下がりが急速なので、買い取り価格の高いうちに枠を取ってパネルの値下がりを待つ業者や、空き枠を売買する業者が大量に出現した。

太陽光発電所は、原発を減らす役には立たない。太陽エネルギーは夜間や雨の日はゼロになるので、バックアップの発電所が必要だから、二重投資になるのだ。ドイツでは

ＦＩＴで電気代が2倍になったが石炭火力が増え、ＣＯ２排出量は増えてしまった。ＦＩＴの目的は、再エネを普及させて規模の利益を出し、そのコストを下げて技術開発を促進しようというものだが、それは逆効果になった。

風力も太陽光も今の技術はコストが高く研究開発を進める必要があるが、ＦＩＴではどんな技術にも助成金を出すので、リスクの大きい新技術を開発するより古い技術で発電するほうがもうかるのだ。再エネ技術には、まだイノベーションの可能性がある。特に蓄電技術に大きなブレイクスルーがあれば、太陽光や風力の出力変動の大きさをカバーできる可能性もある。補助金を出すなら高コストの既存技術に出すのではなく、こうした技術開発に出すべきだ。

贈収賄事件に発展した洋上風力

２０２０年から洋上風力発電の公募が始まった。これは合計４５００万キロワット、総事業規模15兆円の大プロジェクトで、２０２１年12月に最初の3件の公募入札の結果が発表されたが、その結果に業界は驚いた。事前の予想では早くから参入を表明していたレノバや日本風力開発などが落札するとみられていたが、結果は三菱商事グループがキロワット時あたり11・99円〜16・49円と他社に5円以上の差をつけ、3件すべてを落札したのだ。

これでレノバや日本風力開発の株価は暴落したので、彼らは政治家を使って巻き返しをはかり、エネ庁の担当者を呼び出して恫喝を繰り返した。再エネ議連（再生可能エネルギー普及拡大議員連盟）の柴山昌彦会長は「毎週、議連の会合に役人や業者を呼んで、入札の問題点等について聞き取りを行ってきました」と公言した。

この結果、いったん決まった入札のルールが、1回目の入札結果が発表されてから変更される異例の事態になった。2022年3月に萩生田経産相が突然、入札ルールの変更を宣言し、6月に行われる予定だった第2回の入札は2023年6月に延期され、審査方法も変更された。その最大のポイントは、三菱商事グループの最大の強みだった価格のウェイトを下げることだった。

全体で240点のうち、価格点が120点というのは変わらないが、業者の出した価格が最高評価点価格以下の場合は一律120点と評価することになった。この「最高評価点価格」は、たとえばキロワット時あたり20円と決めれば、三菱商事も日本風力開発も同じ120点となる。これでは入札とはいえない。そして事業実施能力80点の中でも事業計画の迅速性に重点が置かれた。これによって早くから地元工作をしていた日本風力開発が有利になるが、肝心の入札は1年延期されるという支離滅裂ぶりだ。

このあからさまな政治介入を日本経済新聞が報じたのを河野太郎大臣は警戒して「エネ庁が、業界がロビー活動をしてる、議員に働きかけをしてるというストーリーを作って、週刊誌や月刊誌に売り込んでいたのを、日経新聞まで提灯を持つようになった」とツイートしたが、これは語るに落ちている。今回のドタバタ劇の主役はエネ庁ではなく、再エネ議連だと告白したようなものだ。

再エネ業界の錦の御旗は「迅速性」だが、エネルギー産業のターゲットは2050年であり、2030年か31年かは大した問題ではない。それより三菱商事が12円で落札した洋上風力が、レノバや日本風力開発に20円で落札されたら、これは再エネ賦課金に反映され、最終的には数兆円の国民負担になる。

2023年9月、再エネ議連事務局長の秋本真利議員は、風力発電事業者から7280万円の賄賂を受け取った容疑で、東京地検特捜部に逮捕された。洋上風力のオークションのルール変更にあたって、日本風力開発が有利になるように国会質問をし、そのルールを変更させたことが逮捕容疑である。このように再エネが詐欺と腐敗の温床になるのは、民主党政権がＦＩＴを政治的に利用し、破格の超過利潤を保証したことが反社に利用され、政治家の利益誘導の絶好の材料になったからだ。

再エネタスクフォースの暴走と消滅

２０２４年3月23日の朝、Ｘ（旧ツイッター）に「内閣府の再生可能エネルギー等に関する規制等の総点検タスクフォース（再エネＴＦ）の構成員提出資料に、なぜか中国の国家電網公司の透かしが入っている」というつぶやきが出た。

内閣府のホームページで公開された再エネＴＦのスライドには、右上に白地に白で「国家電網公司」というロゴマークがあった。国家電網公司は中国の国営電力会社だが、このロゴは大林ミカ氏（自然エネルギー財団事業局長）の資料のほとんどの図についていた。

白地に白で描かれているのでパソコンでは見えないが、携帯のアプリでは見える場合がある。なぜ自然エネ財団の資料に中国の国有電力会社のロゴがついているのか。これは大林氏が中国の工作員だという暗号か――これを私がＸで紹介したところネット上で拡散され、数百万回表示された。

それを受けて内閣府はホームページから大林氏の提出した資料を削除し、３日後に大林氏はタスクフォース委員を辞任した。彼女は自然エネ財団の「アジアスーパーグリッド」という広域電力網構想の担当者で、その組織ＧＥＩＤＣＯの会長は、国家電網の劉振亜会長（兼中国共産党委員会書記）だった。

自然エネ財団は「国家電網との間には人的・資金的関係はない」と説明したが、これは嘘である。自然エネ財団の孫正義会長はＧＥＩＤＣＯの副会長だった。今回の騒ぎで自然エネ財団はＧＥＩＤＣＯから脱退したが、今後も関係は続けてゆくとしている。

再エネＴＦは２０２０年に河野太郎規制改革担当相が根拠法もなく作った「私兵」の集団だが、メンバー４人のうち２人（大林氏と高橋洋氏）が自然エネ財団のメンバーであり、河野大臣と山田正人参事官は再エネ推進派だから、再エネＴＦは中立な有識者会議ではなく再エネ業界のロビー団体である。

再エネＴＦは所管外の経産省の有識者会議に殴り込んだり、担当者を呼びつけてつるし上げたりした。２０２１年１月にＪＥＰＸ（日本卸電力取引所）のスポット価格が２００円を超えて新電力が逆鞘になったとき、再エネＴＦは「予想を超えた異常な卸電力価格の上昇による新電力の経営破綻を救済せよ」という「緊急提言」を発表した。

これが異常な値上がりだというのは嘘である。世界の天然ガスのスポット市場では、ウクライナ戦争後の状況を見ればわかるように、価格が一時的に数十倍になることは珍しくない。「制度設計に欠陥がある」というのも嘘である。もし制度設計に欠陥があるなら損害を賠償すべきなのは行政であり、電力会社ではない。電力を卸した大手電力も高いスポット価格で調達したので、新電力の損を補塡すると大手が大赤字になる。

新電力72社が1300億円超の「還元」を求める意見書を電力・ガス取引監視等委員会に提出したが、多くの委員が「公平性に問題がある」と批判したため、電取委は法的拘束力のない「要請」にとどめた。しかし電力各社はその要請を飲み、東電は2021年度に163億円の「インバランス収支還元損失」を計上した。

これをヤクザと呼んだら、ヤクザに失礼である。ヤクザでも博打の負けはちゃんと払う。払わなかったら命を取られる。再エネTFや再エネ議連は法治国家の恥である。このような再エネTFの利益誘導に批判が集中したため、内閣府は再エネTFの開催を中止し、その調査をおこなった。経済産業省なども再エネTFと自然エネルギー財団をエネルギー問題の有識者会議から排除した。そして2024年6月4日、再エネTFの廃止が決まった。

もう再エネを敷設する場所がない

再エネは火力より安いという話があるが、太陽光発電は１日のうち13％しか発電できない。24時間送電するには蓄電が必要だが、蓄電池のコストはキロワット時あたり約10万円。火力の１万倍である。毎日１サイクル充電して１年に１００日ぐらい使うと、寿命はたかだか10年なので、累計１０００キロワット時とすると、キロワット時あたり１００円。これが経産省の計算に近い。

現実には、蓄電池はきわめて高価で使える時間が限られているので、数十万キロワット時の火力発電所に相当する蓄電所をつくるのは困難だ。日本最大の蓄電所でも11万キロワット時と、火力発電所１基にも足りない。電力を太陽光と蓄電だけでまかなうとすると、そのコストは原子力の４～15倍になる。[16]

風力の場合は風のある地域から送電する連系線が必要だが、そのコストは７～８兆円。風力発電業者がそれを負担したら、火力よりはるかに高くつくだろう。現実には再エネの動かない時間にバックアップしているのは火力発電所なので、その操業率が落ちると採算がとれなくなり、発電所が廃止されて発電容量ぎりぎりになる。このようなバックアップを含めたコストを「システム統合費用」と呼ぶ。

技術には学習曲線（ラーニングカーブ）があるが、一定の段階に達すると、本質的ではないコストが上がる「ネガティブ・ラーニング」が起こる。火力では公害防止コスト、水力では立地コストが上がり、原子力は安全問題が障害になった。同じようなネガティブ・ラーニングが今、再生可能エネルギーにも起こっている。

太陽光や風力は、それが補完的な電源だったときは、送電網は電力会社にただ乗りしてFITで100%買い取ってもらえる楽なビジネスだったが、主力電源になるとそうは行かない。太陽光や風力のシェアが増えると、蓄電・送電システムを維持する統合費用が大きくなる。

図14は経産省の有識者会議に提出された資料だが、総発電量に占める太陽光の比率が50%を超えると、蓄電池などの統合費用が急激に上がり、キロワット時あたり77円を超えて発散する。

原子力の教訓は、どんなすばらしいエネルギーも100%にはならないということである。再エネも電源比率20~30%なら補完的な電源として役に立つが、主力電源にしようとすると、統合費用が莫大になって電気代が激増し、製造業が日本から出て行く。

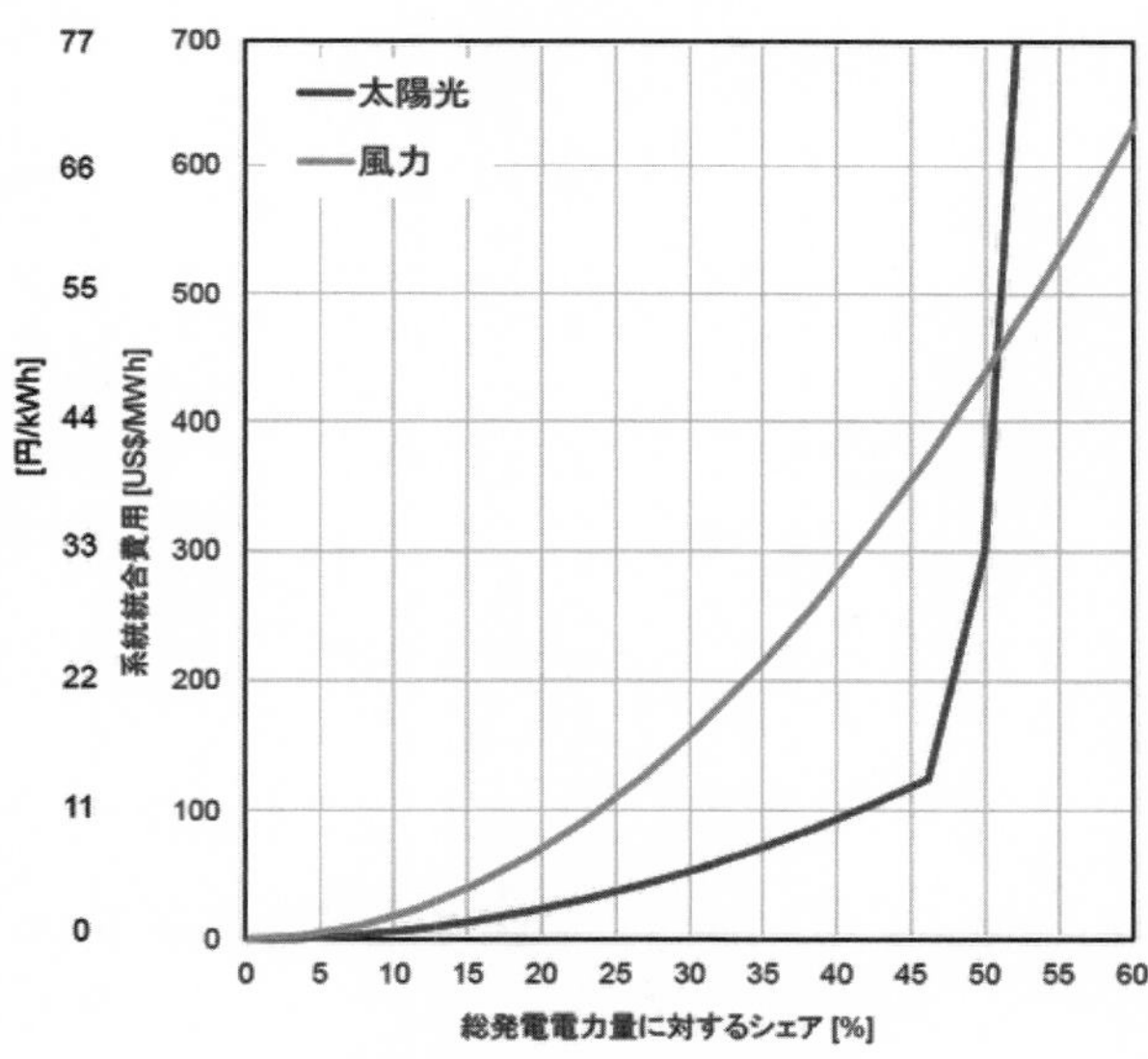

図14　再エネの統合費用（RITE）

　最大の問題は環境破壊である。毎日新聞の47都道府県を対象にしたアンケート調査では、37府県が「トラブルがある」と回答した。事業の差し止めなどを求めて起こされた訴訟は、全国で20件以上。2018年には、パネルが土砂崩れで損傷したり風に吹き飛ばされたりする事故が57件確認された。

　日本の電力のうち再エネで供給しているのは22%、そのうち水力を除く「新エネルギー」は10%である。電力をすべて再エネで供給してCO2排出をゼロにするには、今の5倍にする必要があるが、それは可能か。

国立環境研究所によれば、設備容量500キロワット以上のメガソーラーは2020年で8725ヶ所、パネルが置かれた土地の総面積は大阪市とほぼ同じ計229平方キロに達している。日本はすでに面積あたりの太陽光導入容量は世界最大だが、それでも電力量の2割も発電できないのだ。

同じ発電量（キロワット時）で比べると、メガソーラーに必要な面積は火力発電所の2000倍以上である。メガソーラーの年間発電量は1平方メートル当たり100キロワット時なので、日本の年間消費電力1兆キロワット時をまかなうには、1万平方キロの面積が必要である。これには関東平野のほぼ半分を太陽光パネルで埋め尽くす必要がある。

「カーボンフリー」の莫大なコスト
問題はそれだけではない。たとえ電力の100%を再エネで発電できたとしても、残る75%の運輸部門（特に自動車）や製造業（特に鉄鋼やセメントなど）は、再エネでは代替できない。たとえば日本製鉄は「カーボンニュートラル鉄鋼生産プロセス」を発表した。常識で考えて、石炭を燃やしている高炉のCO_2排出がゼロになるとは思えないが、それを「カーボンフリー水素」で代替する。

電炉は「カーボンフリー電力」でやる。それでもCO_2排出ゼロにはならないので、これはＣＣＵＳ（炭素貯留回収装置）でやるという。つまりカーボンフリー水素とカーボンフリー電力とＣＣＵＳという「３つの外部条件」がないと「グリーンスチール」はできないのだ。

日鉄によると「カーボンフリー製鉄」には５０００億円の技術開発費がかかり、製鉄コストは2倍以上になるが、できるグリーンスチールは普通の鋼材と変わらないので、価格は2倍にはできない。つまりグリーンスチールは大幅な赤字になるのだ。

製鉄業は慈善事業ではないので、わざわざコストを2倍にする設備投資はしない。日鉄は今後5年間で2兆４０００億円を海外に設備投資し、国内では1万人を合理化する計画を発表した。脱炭素化は製造業を空洞化させ、資本主義を破壊するのだ。

木材などのバイオマス（生物資源）は再生可能エネルギーとされ、木質ペレットを燃料にした発電が増えているが、これは化石燃料と同じくCO_2を排出する。木は光合成で大気中のCO_2を吸収して生長するため、代わりに新たに植える木が同じだけCO_2

い。

を吸収すれば炭素中立になるが、木を植えなかったら、放出されたＣＯ２は吸収されな

だから輸入された木質ペレットは、その代わりに植林が行なわれないので、化石燃料とまったく同じで、再エネにカウントするのはおかしい。北欧の再エネの半分以上はバイオマスだが、ＥＵでは環境左派から「バイオマスを再エネにカウントするのはおかしい」という批判が出て、木質バイオマスの使用に関する規制を強化した。特に原木を伐採してつくる「森林バイオマス」の生産を制限し、排出量取引制度（ＥＴＳ）での評価をゼロとする提案が出ているが、北欧諸国が反対している。

第6章　電力自由化の失敗

世界で電力自由化が始まったのは、1980年代に英米で通信自由化が成功し、市内回線と分離された長距離回線に新規参入が増えたことがきっかけだ。電力もイギリスのサッチャー首相が自由化を始め、通信にならって発送電分離を原則とした。

だがイギリスの電力自由化で電気料金は下がらず、アメリカ各州で行われた自由化では、カリフォルニア州やテキサス州の大停電など、供給が不安定になっただけで、電気料金はほとんど下がらなかった。電力は情報通信と違ってイノベーションの余地が少なく、電力特有の「同時同量」の制約があるため、電力を安定供給するコストが上がり、結果的には電気料金は大幅に上がってしまった。

民主党政権の呪い

日本では1990年代から大企業向けの高圧部門は自由化が進んだが、家庭用の低圧部門は大手電力（一般電気事業者）の独占が続いていたので、経産省は発送電分離をしようとした。送電網には規模の経済があるので、各家庭に2本以上の送電線をつくる必要はないが、発電所は小規模でもできるので、両者を分離するのが電力自由化の最大のメリットだった。

これには地域独占だった電力会社が反対したが、役所としては権限を拡大する絶好のチャンスだった。2000年代には経産省の村田成二事務次官と東電の勝俣恒久社長の戦いが繰り広げられたが、結果的には東電の勝利に終わり、発送電分離はできなかった。敗北した経産省が逆転する千載一遇のチャンスが、2011年の福島第一原発事故だった。

事故をきっかけにして、民主党政権の「電力システム改革に関するタスクフォース」ができた。停電が起こったのだから供給の安定をめざすべきだったが、東電が国の傘下に入ったことは、経産省にとっては宿願だった発送電分離を実現するチャンスだった。それは経産省にとっては自由化の総仕上げだったが、日本では電気事業連合会（電事連）の中枢だった東電の政治力が強く、実現できなかった。これを東電の政治力が弱ったとき、一挙に実現しようとしたのだ。

このとき経産省は民主党政権を利用して東電を国営化し、原子力損害賠償支援機構の子会社として支配下に置いた。これは再エネ派にとっても大勝利だった。彼らは事故後のどさくさまぎれに、政治家を利用して世界一高価なＦＩＴを創設させた。当時、経産省はこれを役所の人気取りに利用して「グリーンな官庁」に変身をはかった。経産省は反原発派と再エネ派を利用して電力業界の「長男」だった東電を支配下に置き、長年実現できなかった発送電分離を火事場泥棒的に実現したのだ。

支持率の低下に悩んでいた民主党政権にとっても、電力会社を敵役にして分割することで「改革」の形をつくろうという点で経産省と利害が一致した。この方針は安倍政権でも受け継がれ、２０１３年に「電力システムに関する改革方針」が閣議決定された。その柱は、次の三つだった。

1　広域系統運用機関の設置

2　小売りの全面自由化

3　送配電部門の法的分離

この順に自由化が行われ、2016年に全面自由化され、東電などの大手電力（旧一般電気事業者）も新電力も同格の発電事業者として自由に卸価格を設定できるはずだったが、実際にはそうならなかった。大手電力は（暗黙の）供給義務を負わされ、料金規制がかけられたため、全面自由化後も価格を上げず、予備率8％を守った。他方で新電力はまったく供給責任を負わず、発電装置も持つ必要がなかったので、大量の「転売屋」が出現した。

彼らは限界費用（固定費を含まない変動費）ゼロの再生可能エネルギーをJEPXで買い、大手電力よりはるかに安い料金を出すことができた。夜間など再エネが使えないときは、大手電力が火力や原子力で発電した電力をJEPXで買えばいいので、設備投資はしない。

それでも新電力のシェアが小さいうちは、再エネの不安定性を大手電力のベースロード電源で補う善意に頼った運用で、供給の安定が保たれたが、新電力のシェアが2割近くなると、その不安定性が利用者に大きな影響を与えるようになった。

その例が、2021年1月の卸電力価格の急上昇である。LNGの価格暴騰で、自前の発電設備をもたない新電力の経営が破綻し、約100社が廃業した。これ自体は大した問題ではなく、価格の急上昇（スパイク）で発電会社が大きな利益を得ることは、電力自由化の前提だった。ところがこのとき再エネ議連などの政治家が「新電力を救済しろ」と圧力をかけ、資源エネルギー庁はJEPXの卸電力価格に上限価格を設けたが、新電力は大手電力に損害賠償を求めた。

このように大手電力が超法規的な供給責任を負わされ、卸価格も実質的に規制される非対称規制では、JEPXを通さない法人契約でもうけるしかない。これは相対で自由競争なので、関西電力が他の電力会社のエリアで激しい法人営業を繰り広げた。

2023年に摘発されたカルテル事件は、このような過当競争の中で、法人営業の競争を自粛しようという関西電力の働きかけで、各社がエリア外への営業をやめて起こったものだ。最初に公取委に申告した関電は、課徴金減免制度（リーニエンシー）で課徴金ゼロだったが、それに応じた中国電力は707億円の課徴金を命じられた。

再エネ優遇が生んだ電力の不安定

もう一つの民主党政権の呪いは、彼らが駆け込みで実施した再エネのＦＩＴである。新電力には再エネが稼働しない夜間などにも（相対契約で）同じ設備容量を保証するよう義務づけるべきだったが、エネ庁は新規参入を求める民主党政権の圧力に負けて新電力に供給義務を負わせなかった。

新電力の参入を促進するため、大手電力にはＪＥＰＸに限界費用で卸すよう行政指導したので利益が出ない。他方で再エネはＦＩＴで優先的に買い取ったため、火力発電所の稼働率は落ち、固定費が回収できなくなった。このため多くの火力が閉鎖され、供給力が減ったのが電力危機の原因である。

再エネは本来は電力会社の中で火力との組み合わせを最適化することが望ましい。今のようにオークションでスポット価格を決める方式は、バックアップのコストを負担しない再エネが過剰投資になり、稼働率が落ちる火力が過少投資になる。再エネ業者にバックアップ設備のコストを負担させる「容量市場」が導入されたが、再エネ議連が反対している。

１９９０年代以降、多くの分野で新自由主義の改革が行われた。通信はインフラとコンテンツを分離して成功したが、電力は失敗例である。通信技術はムーアの法則と呼ばれる半導体の指数関数的な技術進歩で、新規参入業者のイノベーションが起こったが、電力にはつねに需要と供給を一致させないといけない「同時同量」の制約があるので、設備容量を年間のピーク時に合わせる必要があり、過剰投資になりがちだ。

これはかつて電話が同時接続だったのと似ている。電話網ではすべての利用者が同時に通話した場合の2割ぐらいの回線を用意しているが、回線の利用率は数%なので、通常は大幅に余っている。電力も冬と夏のピークに合わせて発電設備を設置しているので、発電能力は半分ぐらい余っている。これを効率化してコストを削減することが電力自由化の本来の目的だったが、電力が蓄積できないという技術的制約は変わらない。

通信の場合にはパケット交換という蓄積交換技術によってインターネットができたが、電力はいまだに電話回線と同じである。蓄電コストは発電の数百倍で、電力にはムーアの法則がない。そこに固定価格で買い取りを強要するＦＩＴという自由化と矛盾する制度を同時に実施したため大混乱になり、料金は大幅に上がり、供給が不安定になってしまった。

このように投資環境が不確実な状況では、過少投資が起こるのは当然である。もはや大手電力には供給責任がないので、設備をぎりぎりまで削減して稼働率を上げ、利潤を最大化することが株主に対する責任である。スパイクで転売屋がつぶれるのは、自業自得である。供給安定と価格安定はトレードオフなのだ。

ブラックアウト寸前の事態

２０２２年の3月22日、東京電力の管内は大停電（ブラックアウト）が起こる一歩手前だった。その最大の原因は、3月16日の地震で東電と東北電力の火力発電所が停止し、出力が３３５万キロワット低下したことだが、もう一つの原因は、これが3月に起こったことだった。

冬の電力消費のピークの1月から2月には火力発電所はフル稼働するが、3月は停止して補修点検する。このため3月の最大供給量は２０１２年の４７１２万キロワットだったが、22日は季節はずれの大寒波で、最大需要電力の予想は４８４０万キロワットと、１３０万キロワットの供給不足になる見通しだった。

このため「電力需給逼迫警報」が出され、揚水発電をフル稼働し、デマンドレスポンスを動員し、連系線を利用して電力を融通し、供給電圧の低め調整という危険な対策まで動員して、電力需要を4534万キロワットに抑制し、大停電をまぬがれた。ところが、これについて内閣府の再エネTF（再エネ等規制等総点検タスクフォース）は、4月25日に「電力は足りる」という提言を出して、電力関係者を驚かせた。

それによると「冬の最大需要は5380万キロワットだったので、3月の最大需要4840万キロワットを満たす供給力は存在していた」から、原発再稼動や火力の増設は必要ないという。これに対して資源エネルギー庁が反論した。3月は約1000万キロワットの定期補修が予定され、最大に稼働しても4500万キロワット程度が限度だった。合計270万キロワットの柏崎刈羽6・7号機が動いていれば、大停電のリスクはなかったが、再エネTFは「原発は頼りにならないので再稼動の必要はない」という。頼りにならないのは天気まかせの再エネの方である。

なぜ再エネ派は原発再稼動に反対し、ぎりぎりの電力運用を求めるのか。その理由は、彼らの中に反原発派が多く、原発が動くと再エネが送電線にただ乗りできなくなるからだ。送電線は大手電力が建設した私有財産だが、原発が動かせないときは再エネ業者が借りて使っている。しかし原発が再稼動すると大手電力の送電が優先なので、再エネ業者は自前の送電線を建設しないといけない。だから「安全性」を理由にして反対しているのだ。

発送電分離のもとでは、基本的に発電会社は供給責任を負わない。責任を負うのは発電会社と分離された「電力広域的運営推進機関」だが、彼らは発電設備をもたない。電力は再エネ優先で買い取られるので、火力の操業率が落ちて採算が悪化し、廃止に追い込まれる発電所が増えた。電力会社は構造不況業種になり、毎年300万〜400万キロワットの火力が廃止されている。

電力業界はエネ庁の裁量で経営が大きく左右される「国営産業」になり、その非効率なインフラのコストは、すべて電力利用者が負担する。FIT賦課金だけでも2030年までに累計40兆円を超え、原発の停止で累計30兆円以上の損害が出る予測だ。おまけにエネ庁は脱炭素化のため、2030年までに石炭火力を100基廃止しろと指導した。それがここに来て「火力再稼動の公募」だ。このようにエネルギー問題を政治利用する場当たり的なエネルギー政策が、電力危機の元凶である。

いま必要なのは、誰も供給に責任を負わない無責任な電力供給体制を改め、発電業者に供給責任を負わせることだ。特に大事なのは一時的な発電量だけでなく、長期的な設備投資計画である。今のままでは原子力に投資する電力会社はなく、メーカーも撤退し始めている。

ウクライナ戦争で脱炭素化は挫折した

ウクライナ戦争は、エネルギー問題の構図を大きく変えた。それまでロシアからパイプラインで供給される安い天然ガスに依存して脱炭素化を進めていたドイツなどのEU諸国がエネルギー危機に陥り、化石燃料の価格が暴騰した。1970年代の石油ショックは、第4次中東戦争をきっかけにOPEC（石油輸出国機構）が原油を値上げしたことが原因だったが、今回は世界各国で進められている「脱炭素化」が最大の原因である。

本質的な問題は、今の化石燃料の不足が一過性のものではなく、脱炭素化による投資不足から起こっていることだ。EUではETSで化石燃料にトン当たり60～90ユーロの炭素税がかかる。おまけにメリットオーダーと称して限界費用で価格づけするため、追加的なコストのほとんどかからない再生可能エネルギーの価格が安くなり、火力発電所の建設が止まってしまった。

その危機が顕在化しているのがドイツである。石炭火力を減らす一方、2023年には原発をすべて廃止したので、残る供給源はロシアからのガスのパイプラインしかない。

新しいパイプライン「ノルドストリーム2」は廃止されたので、ドイツはエネルギー危機に陥った。この冬ドイツでは大停電が起こるかもしれない。

こういう投資不足が起こる原因は単純である。再エネの限界費用は固定費を含まないからだ。たとえば太陽電池は夜間や雨の日は使えないので、その設備利用率は13％程度である。残りの87％は、火力や原子力がバックアップしているのだが、再エネ業者はそのコストを負担しない。それが安くみえる理由だが、蓄電コストを含めると再エネのコストは火力の10倍以上にのぼる。

このような「統合費用」は再エネが1割程度のマイナーなエネルギーだったころは大した問題ではなかったが、それが主力電源になると、火力への投資が回収できないので、電力会社は火力に投資しなくなって供給不足が起こり、価格が上がる。それがいま世界で起こっていることだ。

1970年代のスタグフレーションを生んだのはバラマキ財政だったが、今回の新型スタグフレーションを生んだのは無謀な脱炭素化政策だった。それを示しているのが、IEA（国際エネルギー機関）の変貌である。かつて世界の原子力産業の代理人といわれたIEAが、2010年代には（巨額の寄付をする）再エネ産業の代理人になり、2

021年5月には「ネットゼロ2050」と題した報告書を発表した。

ここではコストを考えない「バックキャスティング」で2050年までに排出ゼロにするには何をすべきかを提言し、そこから逆算して化石燃料への投資の即時停止を呼びかけ、2050年にはエネルギーの90％を再エネでまかなうとした。そのコストは全世界で毎年4兆ドル以上と見込まれるが、それを誰が負担するかは書いてない。IEAもフリーライダーになったのだ。

電力自由化で電気代が上がった

どこの国でも、電力自由化した直後には大停電が起こるが、問題は停電することではない。電力は需要の振幅が大きく「同時同量」の制約があるため、需要のピーク時に合わせて設備投資をすると、過剰投資になりがちだ。その過剰投資を価格メカニズムで抑えるのが自由化の目的だから、停電のリスクは増える。

問題は自由化で電気料金が上がったことだ。自由化の目的は電気代を下げることなのに、図15のように電力自由化の始まった2016年の18・6円から2022年には39円に倍増し、規制料金と逆転してしまった。なぜこんなことになったのか。

その直近の理由は２０２２年のウクライナ戦争以後、化石燃料の価格が上がったことだが、根本原因は２０１１年の福島第一原発事故のあと、民主党政権がすべての原発を止めたことだ。これは法的根拠のない「お願い」であり、日本の法体系で想定していなかったので供給が混乱し、電気料金は２０１４年までに25％上昇した。その後は原油価格の暴落という幸運に恵まれて電気料金は下がったが、原油価格が上がると、また上がったのだ。

第２の原因は、再生可能エネルギーのＦＩＴ賦課金である。２０２１年度の賦課金は約２・７兆円。電気料金に上乗せされるコストはキロワット時あたり３・４円で、これが産業用では電気料金の20％に上る。

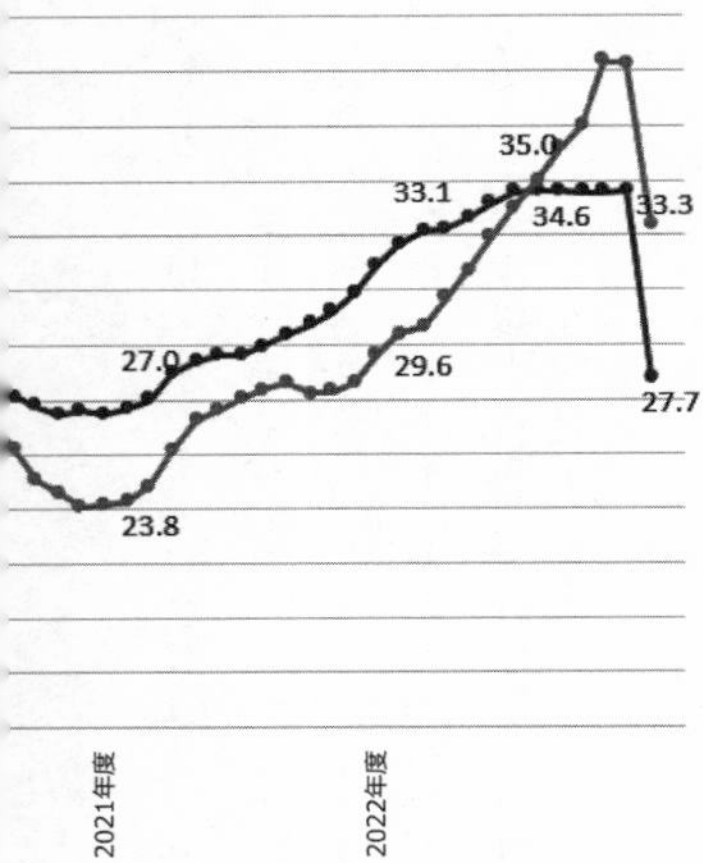

第３の原因は、古い火力発電所が廃止されたことだ。電力自由化は規模の経済の大きい送電部門と小規模でも経営できる発電部門を分離し、発電部門を市場原理にゆ

図15　電気料金平均単価の推移（資源エネルギー庁）

だねて設備投資を効率化するものだから、採算の合わない火力が廃止されるのは当然だ。

ＦＩＴでは送電会社（大手電力会社）はすべての再エネ電力を固定価格で買い取る義務を負う。火力発電はその残りの電力を発電するだけなので、太陽光発電量の多い昼間は操業率が落ちるため、古い火力発電所が廃止された。特に石炭火力発電所が目の敵にされ、資源エネルギー庁は「石炭火力を減らせ」という行政指導を行った。

しかしこれによって電力供給が不安定になったので、その穴はＬ

NGで埋める。結果的には、日本の電力業界のガス依存度は大きく高まった。これはウクライナ戦争で供給が脅かされているドイツと同じである。日本の化石燃料比率（熱量ベース）は83・5％とドイツより高く、そのうち21・5％がLNGである。

LNGの単価はパイプラインの5倍以上なので、価格ベースのガス依存度はドイツより高い。このうちロシアからの輸入は8％程度だが、経済制裁でLNG価格が上がると、さらにエネルギー供給は不安定になったのだ。

2050年に温室効果ガスの排出を実質ゼロにするという日本政府の目標は見直す必要がある。2030年CO2排出46％削減という目標は実現不可能であり、エネルギー基本計画を現実的な数値に修正する必要がある。最優先すべき目的は、安価なエネルギーの安定供給によって生活や産業を守るエネルギー安全保障である。100年後の地球の平均気温を1℃下げるという問題は、このような生命・財産の安全にかかわる問題とは緊急性も重要性も比較にならない。

電力自由化を巻き戻すとき

電力自由化の議論は1990年代から日本でも行なわれ、通信の電波オークションと同じように電力をオークションで配分する制度設計が提案された。その目的は年間のピーク電力需要に合わせて過剰投資になりがちな電力業界の投資を効率化することだった。そのころ想定していたのは火力と原子力だけだったので、発送電を分離し、規模の経済の大きい送電網は一元的に管理する一方、小規模でも成り立つ発電は新規参入を認めるもので、同時同量の制約はみたされていた。

ところが２０１０年代に行なわれた日本の自由化では、再エネとＦＩＴというそれまでにない要因が入ってきた。新電力にも安定供給を義務づけるべきだったが、再エネ業者の新規参入を求める政治的圧力が強かったため、そういう条件をつけないで参入を認めた。

その結果、７００社以上の新電力が参入したが、そのほとんどは発電設備をもたない「転売屋」で、再エネの電力をＪＥＰＸで買って小売りで高く売る鞘取りだった。昼間は再エネの安い電力を買い、夜は火力の電力を調達して顧客に売る。このビジネスは火力の卸値が安いときは成り立つが、ＬＮＧの価格が上がると、逆鞘になってしまう。

２０２０年末にＬＮＧの暴騰で大手電力の卸電力価格はキロワット時２００円を超え、小売り価格が30円ぐらいだった新電力の経営が逆鞘になって多くの会社が破綻した。これをきっかけに大手電力も稼働率の落ちた火力を廃止したため予備率が落ち、3・22事件では東電管内が大停電の一歩手前になった。

この原因は、同時同量の条件を満たせない再エネ業者を自由に参入させ、彼らが条件のいいときだけ大手電力より安く電力を調達し、条件の悪いときは火力に頼るというクリーム・スキミング（いいとこ取り）を許したことにある。これも理屈の上では、悪天候のときは大手電力が火力の電力に高い価格をつける「スパイク」で固定費を回収することになっていた。

電力需要のピークになる日没後は火力には競争相手がなくなるので、需給が一致するまで何倍も卸し値をつけてもいいのだが、大手電力はそんなことはできない。限界費用で卸電力を供給せよという行政指導で固定費を回収できず、スパイクでも回収できないため、稼働率の落ちた古い火力を廃止した。その結果、電力需給がタイトになり、電気料金が上がってしまったのだ。

かつてアメリカで行われた自由化でも2000年の米カリフォルニア州の大停電が起こったが、再エネが増えてから自由化したテキサス州では、バックアップの容量市場なしでスパイクで固定費を回収する方式で発送電を分離した。その結果、2021年冬に大停電が起こって寒波で20人以上が死亡し、２０００億ドルの損害が出て州電力運営組織の会長が辞任した。

一つの電力会社の中に再エネ部門と火力部門があれば、再エネの稼働していないときは火力が稼働し、無駄なく負荷追従できるが、再エネと火力を別の会社が所有していると、これを市場で調整するのはむずかしい。

今の「優先給電ルール」では、電力が余る昼間にはまず火力が出力抑制し、次に再エネが抑制することになっているが、これにも不満の声が多い。再エネの出力抑制は春先の電力需要の少ないときの1ヶ月足らずだけ起こるもので、電力全体の０・２％程度だが、活動家やマスコミが「補償金を出せ」などと騒いでいる。

このような需給のミスマッチが電力不足と電気代高騰の原因である。総括原価の時代と違って自由化された電気料金は需要と供給で決まるので、供給が減ると上がるのは経済学の常識である。エネ庁やその御用学者は、自由化で価格が下がると思っていたようだが、そんなことはありえない。値上がりがこの程度ですんでいるのは、大手電力が善意で供給しているからなのだ。

日本の電力自由化は失敗だった。供給が不安定になっただけでなく、電気料金も上がり、長期的な投資も見通せなくなった。エネルギーとして自立できない再エネを「主力電源」と位置づけたのが間違いだった。主力は同時同量で供給できる火力と原子力であり、再エネはピーク電力を補助的に供給するエネルギーである。

これから総括原価方式に戻すわけにはいかないが、新電力のただ乗りを許すと火力の設備投資ができなくなり、電力網が劣化する。新電力が市場に参加するためには、24時間供給できる発電設備か蓄電設備の保有を義務づけるべきだ（容量市場でもいい）。電力自由化は根本的に見直す必要がある。

第7章　原子力は最強の脱炭素エネルギー

民主党政権の最大の呪いは、全国の原発を法にもとづかない「お願い」で止めたことだ。2011年5月、菅直人首相は中部電力の浜岡原発を止めるよう口頭で要請した。これは原子炉等規制法にもとづく停止命令ではなく、中部電力が自発的に止めることになっていたが、中部電力の取締役会はこの要請を受け入れた。

それに続いて九州電力の玄海2・3号機の再稼働を菅首相が止めたため、その後も全国の原発が次々に法的根拠なく停止された。その再稼動には（これも法的根拠なく）原子力規制委員会の安全審査が必要ということになったため、今も12基しか動いていない。

原子力はもっとも安全なエネルギー

誤解している人が多いが、原子力は電気出力あたり死者でみると、もっとも安全なエネルギーである。原発の歴史の中で、1979年のスリーマイル島原発事故の死者はゼロ、1986年のチェルノブイリ事故の死者は、事故の消火にあたった消防士50人を含めて60人だった。福島では死者ゼロだから、原子力発電の80年の歴史で死者は60人であり、1年に1人も死んでいない。

客観的データで比較すると、図16のように発電量（テラワット時）あたりの死者は、石炭火力が24・62人（褐炭は32・72人）で、原子力は今までの事故の死者をすべて合計しても0・07人と、石炭の1／350以下である。原子力か火力かは人命の問題ではなく、経済問題なのだ。

今後、温室効果ガスの排出を削減するために火力発電は増やすことができない。再生可能エネルギーで電力を100％安定供給することは不可能なので、残る選択肢は原子力しかないが、いまだに多くの国民はそう考えていない。

2012年末に自民党が政権を取ったときが、原発の問題をリセットする最大のチャンスだった。原子炉等規制法では、安全審査は発電所を運転しながら全国で順次やるものので、そういう要員しか配置されていない。いきなり全部止めることは法律で想定していないのだ。ところが安倍首相は衆議院選挙の公約で「原子力規制委員会が安全と認め

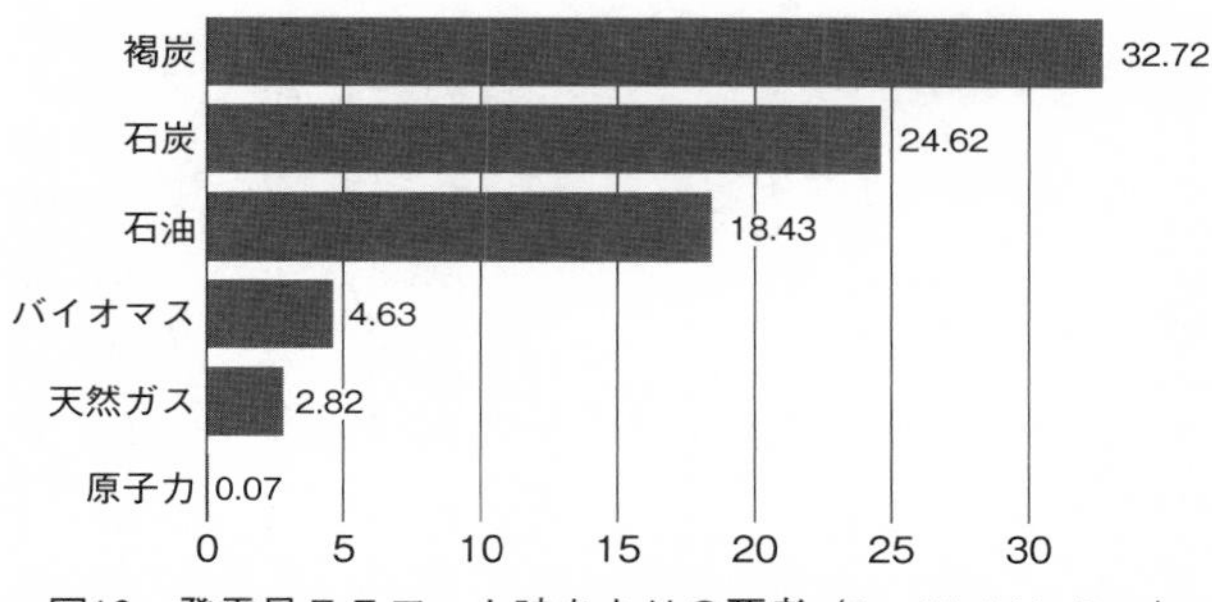

図16　発電量テラワット時あたりの死者（Our World in Data）

た原子炉を再稼動する」と約束していたため、再稼動しなかった。

それどころか２０１３年４月に規制委員長の田中俊一氏の個人的メモ（田中私案）が「定期検査に入った原子炉は、新規制基準に適合するまで再稼動しない」と決めた方針を黙認し、２０１４年４月の閣議決定でこの方針を確認した。当初は「１基の審査を半年で終える」という原子力規制委員会の話を真に受けて甘くみていたのかもしれないが、現実には（法的根拠のない）県知事の拒否で暗礁に乗り上げ、自民党も逃げ腰になった。

そのうち反原発が野党の唯一の結集軸になり、保守側にも小泉純一郎氏のように反原発に参入する政治家が出てきた。彼は「一度起こったら取り返しがつかない」というが、事故で死んだら取り返しがつかないのは自動車も飛行機も同じだ。死者の数でいえば、原発は世界全体で60人だが、同じ期間に交通事故の死者は日本だけで60万人。自動車のリスクは原発よりはるかに大きいのだ。

原子力のポテンシャルは100万倍

政府は2050年までに温室効果ガスの排出を実質ゼロにすると国際公約し、そのための第6次エネルギー基本計画を決めた。その前提として想定されるエネルギーミックスは次のようなものだ。

- 再生可能エネルギー：36〜38％
- 原子力：20〜22％
- LNG：20％
- 石炭：19％
- 石油：2％

現在の再生可能エネルギー22％のうち8％は水力でほとんど増えないので、残りを太陽光などの新エネルギーでまかなうことになるが、再エネの新規認定は頭打ちになっており、25%が精一杯だろう。CO2を減らすもっとも効率的な手段は原子力である。2010年に菅直人内閣が閣議決定した第3次エネルギー基本計画では、2030年までに電力の53%を原子力で発電する計画だった。

しかし3・11で、この計画は大幅な転換を迫られた。野田内閣は2012年に「革新的エネルギー・環境戦略」を発表し、2030年代までに原発をゼロにするという目標を打ち出したが、アメリカ政府が「原発ゼロにするなら再処理工場のプルトニウムはどうするのか」と追及したため、閣議決定できなかった。

岸田政権の決めた第6次エネルギー基本計画では、原子力の発電量を2030年までに20～22%にするために30基程度の原発が稼働することになっていたが、原子力規制委員会の安全審査が大幅に遅れているため、今も再稼動している12基以外に設置変更許可の出たものが5基、審査中が10基で、合計27基である。これに建設中の3基を加えて30基が稼働すれば、2030年に電源の20～22%が原子力でまかなえるが、そのハードルは高い。

第一の対策は、原発の運転延長である。これは岸田内閣で40年ルールを改正して、20

年間の運転延長が認められた。これを適用すると２０５０年の段階で最大18基が運転できるが、その後は減って２０６０年には5基になり、ＣＯ２排出量は増えてしまう。しかし原子炉の耐用年数は80年以上あり、燃料棒や配管などは定期検査ですべて入れ替えるので、60年を超えて原発を運転するのがコスト最小の脱炭素化政策である。

電力だけに限れば、排出ゼロは不可能ではない。電力はできる限り再エネで供給し、そのバックアップとなるベースロード電源として原発を使えばいいのだ。福島第一原発事故で世界的に凍結状態になった原発は、今あらためて注目を集めている。再エネが電力供給の主役になる時代には、そのバックアップが必要になるからだ。特に大気汚染の原因になる石炭火力を減らすには、同じように供給が安定している原子力が最適である。

ビル・ゲイツ（マイクロソフト創業者）の経営する原子炉メーカー「テラパワー」は、新しいタイプの小型原子炉「ナトリウム」を5基、ワイオミング州で建設予定である。彼は「原子力こそ21世紀最大のイノベーションの可能性がある」という。１キログラムのウランは1キログラムの石炭の３００万倍のエネルギーを出すことができるが、人類はまだそのごくわずかしか利用していない。核融合も含めると、原子力にはまだ１００万倍以上のポテンシャルがあるのだ。

次世代革新炉には審査の革新が必要

政府のGX実行会議で、岸田首相は「次世代革新炉の開発・建設」を「将来にわたる選択肢として強化するため、検討を加速してほしい」と指示した。第6次エネルギー基本計画では「可能な限り原発依存度を低減していく」という方針だったが、今回の方針はその大転換である。現在、全国で再稼動している原発は12基だが、最大27基が運転できる。この他に、東電の東通原発や電源開発の大間原発、中国電力の島根3号機が建設中である。

それ以外に廃炉になった原発が24基もあり、これを廃炉にすると敷地は空くので、新たな原子炉に置き換え（リプレース）できる。ここは立地について地元の合意を得ているので、政治的な障害は大きくない。最大の問題は、どういう技術を採用するかの選択である。これについてGX実行会議では具体的な技術をあげていないが、経産省の革新炉ワーキンググループでは、次の6つの原子炉をあげている。

・革新軽水炉（第3世代）

・小型モジュール炉（ＳＭＲ）
・高速炉
・高温ガス炉
・溶融塩炉
・核融合炉

このうち現実に稼働しているのが、革新軽水炉である。現在の軽水炉の致命的な欠陥は、電源を喪失すると冷却できなくなり、燃料棒が過熱して炉心溶融が起こることだ。これを防ぐためにＥＣＣＳ（緊急炉心冷却装置）があるが、福島第一原発のように全電源が失われると冷却水が循環しなくなり、数時間で炉心溶融が起こる。

これを防ぐために、第３世代軽水炉ＡＢＷＲは、従来のＢＷＲ（沸騰水型）に比べて、外部からの注水だけでなく、原子炉内部の再循環ポンプで冷却できるように設計して安全性を高めている。東電の柏崎刈羽６・７号、北陸電力志賀２号、中部電力浜岡５号で実績がある。

いま注目を集めているのはＳＭＲで、そのセールスポイントは「受動的安全性」である。出力が7万キロワット時と小さいため、電源を喪失した場合も自然循環で冷却できる。ニュースケール社のＳＭＲは資金難で建設が打ち切られたが、ＧＥ日立のBWRX-300は出力30万キロワット時で、カナダに4基建設する予定である。

受動的安全性は、現在の軽水炉でも実装できる。中国がすでに運転しているウェスティングハウス社のAP1000は、電源がなくなっても自然循環で3日間運転できる受動的安全性を備え、ＡＢＷＲやＥＰＲ（欧州加圧水型炉）などの第3世代原子炉でも受動的安全性は可能である。

ＳＭＲの弱点は経済性である。出力が小さいので、大量生産しないと規模の経済が生かせない。プレハブ住宅のように工場でモジュールを大量生産できるというのが売り物だが、日本のプレハブ住宅の生産台数は13万台である。それに対して廃炉になった原発24基をすべてＳＭＲで置き換えても３００基程度。これで規模の経済が生かせるのだろうか。

ＳＭＲのキロワット単価の目標は30万円前後といわれるので、1基のコストは約２００億円。15基を1ヶ所に集めて管理すると約３０００億円で、現在の軽水炉と大きく変わらないが、この価格を実現するには大量生産できる生産体制と需要拡大が必要である。

最大の問題は安全審査である。原子力規制委員会の田中俊一前委員長は「出力10万キロワット級の小型モジュール炉であっても、求められる安全性は従来の大型原発と同じだ」という。7万キロワット級のSMRに対して今の100万キロワット級の原子炉と同じ安全審査をしていては、採算が合わないことは明らかだ。この点を改善するため、イギリスでは建設前に原子炉モジュールの安全性を審査する「包括的設計審査」という手法が導入されている。

逆にいうと、電機製品の型式認可のように出荷段階で安全審査がほとんど終われば、あとはサイト内で組み立てるだけなので、安全性のコストは大幅に下がる。日本でもこのような安全審査の革新をしないと、SMRの導入は無理だろう。

中国が世界最大の「原発大国」になる

先進国は原子力の約70%を保有しているが、2017年以降に着工された31基の原発のうち、4基を除いてすべてロシアと中国で建設されている。その結果、2010年代に中国が世界最大の原子力開発国になり、先進国と新興国の比重が逆転した。この原因は福島第一原発事故である。2010年代には先進国で原発反対運動が激化し、安全審査が長期化し、多くの原発の建設がキャンセルされた。

それに対して中国の原発建設は加速した。多くの国民の合意を必要とする民主国家では手続きに長い時間がかかるが、中国では政府が建設を認可してから最短3年で着工できる。これが独裁国家の強みである。中国では55基の原発が稼働中で、2030年までに100基の原子炉を稼働する予定だ。これが実現すれば、電気代はキロワット時3円まで下がるという。日本の電気代はすでに30円を超えている。

欧州では、すでに電気代は日本の2倍近い。ロシアからのガスのパイプラインが遮断されると、電気代が激増するだけでなく、大停電や工場の操業中止が起こり、特にマイナス成長に陥ったドイツ経済は壊滅的な打撃を受けるだろう。

原子力についても世界最大のウラン産出国は、ロシアと関係の深いカザフスタンだが、最大の埋蔵国はオーストラリアである。西側で精製・濃縮する体制をつくれば、ロシアへの依存度は下げることができる。2050年に原発の出力を現在の全世界で413ギガワットから2倍に増やすには、投資額を3倍に引き上げる必要がある、とIEAは指摘している。

重要なのは、IEAもいうように、原発なしでは2050年ネットゼロは不可能だということである。ネットゼロにするには、再エネだけでは足りない。火力発電所にＣＣＳをつけるのは原発よりはるかにコストが高く、実用化するかどうかも疑わしい。それより今ある原子力技術で安全性を高めるのが確実だが、そのボトルネックは世論の反発である。原発の安全性は技術的には解決ずみで、その安全性（出力あたり死者）は太陽光や風力とほぼ同じだが、民主国家では国民の合意を得ることがむずかしい。

これについては安全審査を効率化し、原理的に炉心溶融のリスクのないＳＭＲを開発することも選択肢だろう。既存の原発の運転期間を延長することも必要だ。いま世界で動いている原発の63％は30年以上運転しており、40年とか50年で閉鎖すると出力が減ってしまう。アメリカのように原子炉の寿命を80年に延命することが最も安価な対策である。

日本では原発の再稼働が進んでいないが、これを進めることは世界のエネルギー安全保障にとって重要である。日本の原発が再稼働できれば、足元の電力不足を解消するだけでなく、欧州やアジアで必要なＬＮＧを安価に確保でき、ロシアへの依存度も下がる。

ウクライナ戦争は、世界の地政学的バランスを一変させた。今後は民主国家と独裁国家の「制度間競争」が続くだろう。今のところエネルギー問題では中露のような独裁国家が有利であり、新興国もそれに取り込まれている。このバランスを変え、民主国家が生き残るためには、原子力は最大の武器なのだ。

原発は「トイレなきマンション」ではない

青森県六ヶ所村の使用済み核燃料の再処理工場の完成は２０２４年度上期の予定だったが、さらに遅れそうだ。当初は１９９７年に完成する予定だったが、今まで26回延期され、今度で27回延期されることになる。直接の原因は原子力規制委員会の審査に合格する見通しが立たないことだが、本質はそこではない。核燃料サイクルは日本の原子力開発の根幹だったが、その目的がわからなくなり、宙に浮いてしまったのだ。

原子力に消極的だった安倍政権に対して、岸田政権は原発の再稼動や運転延長を認めている。そのＧＸ計画でも、力点が置かれているのは原子力である。その基本文書である「ＧＸ実現に向けた基本方針（案）」には「次世代革新炉」という言葉がたくさん出てくるが、その中身は今と同じ軽水炉である。かつて次世代の原子炉とされた高速炉はなく、核燃料サイクルという言葉は１回しか出てこない。

１９５６年に始まった日本の原子力開発利用長期計画では、軽水炉は過渡的な技術であり、最終的にはウランを軽水炉で燃やしてできるプルトニウムを再処理して高速増殖炉（FBR）で燃やし、消費した以上のプルトニウムを生産する核燃料サイクルが目的とされた。エネルギーを自給できない日本が、無限のエネルギーを得ることが最終目標だった。1973年、石油危機で資源の枯渇リスクに直面した通産省は、原子力開発を国策として核燃料サイクルを推進した。

しかしサイクルの中核となる高速増殖炉は各国で挫折し、日本でも2016年に原型炉「もんじゅ」の廃炉が決まった。それでも経産省は高速炉開発の道をさぐったが、2019年に提携先のフランスが開発を断念した。高速炉を「次世代原子炉」とする路線は成り立たなくなったのだが、日本はその路線を変えられなかった。

かつてFBRはエネルギーを無限に増殖する「夢の原子炉」とされたが、今では非在来型ウランの埋蔵量は300年~700年分、海水ウランはほぼ無尽蔵にあるので、経済的には意味がない。

今の核燃料サイクルの目的は再処理して高レベル核廃棄物の体積を減らすことだが、危険なプルトニウムは増えてしまう。それをプルサーマル（MOX燃料を燃やす軽水炉）で消費する計画だが、MOX燃料の使える原子炉は全国で4基しかなく、日本が47

トン保有するプルトニウムを毎年1トン消費するのがせいぜいだ。

プルトニウムを増やさないためには、再処理しなければいい。使用済み核燃料を燃料棒のままキャスクに入れて、乾式貯蔵すればいいのだ。原発が「トイレなきマンション」だというのは誤りで、アメリカのように発電所の敷地内で乾式貯蔵すれば、100年ぐらい貯蔵できる。日本でも、四国電力や関西電力はそういう方針で地元と話し合っている。

問題はそういう技術的な制約ではなく、「六ヶ所村はゴミ捨て場ではなく工場だ」という建て前で使用済み核燃料を受け入れた青森県との安全協定である。これは単なる念書で、法律で決まっているわけではないが、青森県知事が「六ヶ所村に置いてある使用済み核燃料はすべて電力会社に返す」というと、たちまち原発は運転できなくなる。

もう一つの問題は、全量再処理をやめると、核燃料がゴミになることだ。いま日本にある使用済み核燃料1万7000トンの資産価値は約15兆円（2012年原油換算）だが、これがすべてゴミになると（使用済み核燃料を保有する）電力会社は大幅な減損処理が必要になり、弱小の会社は債務超過に陥る。

これは会計処理を変えれば解決できる。使用済み核燃料を引き続き資産として計上し、毎年少しずつ分割償却する制度を導入すればいいのだ。これは廃炉の処理で導入された考え方と同じで、固定資産税は軽減され、法人税の支払いも減る。これによって電力会社の（将来にわたる）税負担は数兆円単位で軽減される。

原子力政策の大転換が必要だ

2004年に「19兆円の請求書」という怪文書が霞が関に出回った。これは核燃料サイクルがビジネスとして成り立たないことを明らかにし、再処理工場の稼働をやめるべきだというもので、のちに原子力規制庁長官になった安井正也氏を中心とする若手官僚が書いたといわれる。

このときすでに核燃料サイクルは採算がとれないことがわかっており、エネ庁と電力会社の首脳が、核燃料サイクル撤退について何度も会合を開いたが物別れに終わり、電力会社は再処理コストを電気料金に転嫁しようとした。エネ庁はこれに反対し、怪文書を配布してサイクルをつぶそうとしたのだ。

これに対して電事連は自民党の族議員を使って反撃して関係者を左遷させ、戦いは経産省の敗北に終わった。そこまでして電力会社が核燃料サイクルを残したのは、総括原価主義を守るためだった。再処理コストを電力会社が分担する核燃料サイクルは、垂直統合の総括原価主義のもとで初めて成り立つ制度である。新規参入業者にバックエンドのコストを負担させるわけには行かないからだ。

つまりサイクルは発送電分離を阻止する「人質」だったのだが、民主党政権が一挙に完全自由化を強行したので、サイクルは宙に浮いてしまった。再処理工場は商業プロジェクトとしては大幅な赤字で、設備投資の回収さえ不可能になった。これを「安楽死」させることが、原子力産業が復活する上で不可欠である。

ＦＢＲがなくなり、プルサーマルでは余剰プルトニウムをほとんど減らせないので、日本は今も日米原子力協定違反の状態である。「余剰プルトニウムを減らす努力をしている」と言い訳することが、今ではほとんど唯一の核燃料サイクルの目的だが、日本がプルトニウムを蓄積して核武装することはありえない。直接処分（乾式貯蔵）を前提にして、原子力協定も見直すべきだ。

政府の掲げるＧＸも２０５０年カーボンニュートラルも、原子力なしでは不可能だが、日本では原子力は民間企業でリスクの負いきれない事業になった。フランス政府は原子力開発を計画的に進めるため、経営危機に陥っていたフランス電力（ＥＤＦ）を完全国有化した。日本でも、東日本の原発は国有化することがオプションの一つだろう。

日本原子力発電を受け皿会社にして、ＢＷＲ（沸騰水型原子炉）の東電・中部電力・東北電力・北陸電力の原子力部門を「原子力公社」に統合し、核燃料サイクルを含めて国有化する構想も経産省で検討されているという。

国有化には巨額の国費が必要になるが、原子力損害賠償・廃炉等支援機構にはすでに国が出資し、交付国債という形で東電に約13・5兆円の融資が行われる。廃炉・賠償・除染にかかる21・5兆円を東電が今後40年かけてすべて負担するという政府の計画を信じる人はいない。最終的には、数兆円規模の国費投入が行われるだろう。つまりこれは国が原子力救済を間接的にやるか直接的にやるかだけの違いである。政府が原子力を救済することは、ＧＸを進める上でも重要だ。

今の「生かさず殺さず」の状態では、原子力産業に未来はない。技術者の士気は下がり、大学の原子力工学科はなくなり、若い人材は集まらない。再処理や高速炉に投入されてきた人的・物的資源を、政府が次世代革新炉に再配分し、世界でもトップレベルの原子力技術を残すべきだ。残された時間は少ない。

第8章　脱炭素化の費用対効果

イギリスのリシ・スナク首相は2023年9月、2030年に予定していたガソリン車とディーゼル車の新車販売禁止を35年まで延期すると発表した。首相官邸で気候変動対策の費用対効果について検討した結果、「現行の温暖化政策は国民を味方につけ、公平で信頼できる道筋をたどるというテストに合格しない」という結論に至ったという。

ボリス・ジョンソン元首相の時代には1・5℃目標を強硬に推進したイギリスが、2050年ネットゼロから事実上撤退したことは象徴的である。気候変動は人類の存亡の危機ではなく、これほど政治的資源を使う問題ではない。経済を混乱させてきたのは、費用対効果を考えないでアドホックな規制を強化してきた各国政府なのだ。

「ネットゼロ」のコストは毎年4・5兆ドル

これまでみたように先進国ではすでに１・５℃上昇を経験しており、生活には何の支障もないが、その対策には莫大なコストがかかる。脱炭素化の費用対効果について、ＩＰＣＣは「潜在的な被害の回避メリットを全く考慮しなくても、温暖化を２℃以内に抑えることによるグローバルな経済的、社会的便益は、削減コストを上回る（中程度の確信度）」と書いているだけで、具体的なデータを何もあげていない。

日本の国立環境研究所などの研究によると、脱炭素化で２℃目標を実現する費用は便益におおむね見合うというが、ここでは温暖化の被害だけを計算して寒冷化が緩和するメリットを無視し、脱炭素化投資のコストを過小評価している。[17]

２０５０年ネットゼロにどれだけコストがかかるかについては多くの研究機関が試算を発表しているが、その代表として国際エネルギー機関（ＩＥＡ）の試算を紹介しよう。[18]
それによると、２０５０年のネットゼロ達成のためには、２０３０年時点でＣＯ２排出量を２４０億トンまで削減する必要がある。目標達成の鍵となるのは再エネ設備容量の増加だ。２０２２年の世界の再エネ設備容量は３６００ギガワットだが、２０３０年には約3倍に拡大する必要がある。

2021年にIEAは「ネットゼロ2050」を発表したが、その後のウクライナ戦争などによる資源価格の高騰でCO2排出量やエネルギー最終消費量が増え、2050年ネットゼロ達成は困難になった。クリーンエネルギー技術に対する投資は、2030年までに年間4兆5000億ドル（675兆円）必要だという。

このシナリオには、太陽光発電と風力発電の急速な拡大、電気自動車の普及、水素やアンモニアなどのクリーンエネルギーの開発、原子力発電の拡大などがあげられている。4・5兆ドルというのは世界のGDPの約5％で、日本でいうと28兆円。消費税13％分である。あなたは30年後の気温を1℃下げるためだけに13％の消費税を払うだろうか？

日本がパリ協定にもとづいてCO2の排出を1トン減らす「限界削減費用」は378ドル。スイスと並んで世界最高である。それに対してほとんどの途上国の費用は1ドル以下だ。日本がCO2を1トン減らすコストで、インドでは378トン以上減らせるのだ。

よく「グローバルに考えてローカルに行動しろ」というが、気候変動は本質的にグローバルな問題なので、日本だけ排出ゼロにしても意味がない。グローバルに考えてグローバルに行動すべきだ。日本のODA（政府開発援助）は190ヶ国の累計で総額67兆円。それを3年で超える脱炭素化は膨大な浪費だ。途上国のインフラ整備を支援して、クレジット（排出権）を買うことが合理的である。

脱炭素化の費用はその便益よりはるかに大きい

脱炭素化のコストが大きくてもメリットがそれより大きければ意味はあるが、そのメリットは何だろうか。杉山大志氏（キヤノングローバル戦略研究所）の計算では、2050年までに日本がCO2排出ゼロにすることによって、地球の平均気温が下がる効果は0・01℃以下である。

その原因は、日本のCO2排出量が世界の3％しかないからだ。CO2を3％減らしても、地球の平均気温を下げる効果はほとんどない。杉山氏はIPCCの計算式（炭素1兆トンで気温が1・6℃上がる）で計算しているが、日本の2050年までの累積排出量は毎年10億トンなので、その1000分の1。ほとんど誤差の範囲しか気温は変わらないが、それにかかるコストは毎年28兆円。投資として正気の沙汰とは思えない。

今までCOPで、気候変動対策の「費用対効果」についてのセッションが開かれたことはない。これも奇妙な話である。企業が投資するとき、その収益が投資より大きいこ

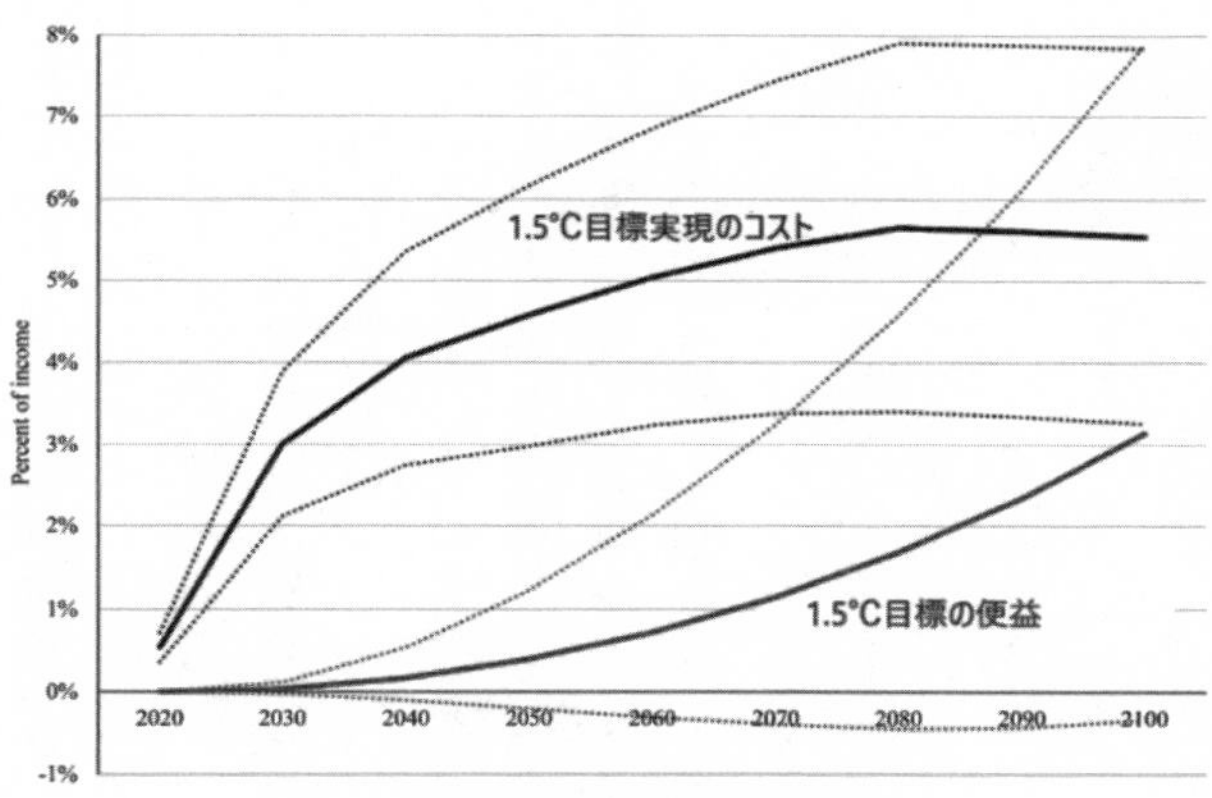

図17　1.5℃目標の費用と便益（Tol）

とは絶対条件であり、公共投資についても「費用便益分析」の評価が行なわれる。ところが各国政府は毎年数兆ドルの脱炭素化投資の収益が、投資額より大きいかどうかも知らないのだ。

その理由は、費用が便益よりはるかに大きいからだ。これについては経済学者が多くの論文を書いているが、それをサーベイした論文によると、図17のように２０５０年までに１・５℃目標を実現するには、世界のＧＤＰ比で毎年４・５％の費用がかかるが、その便益は０・５％である。２１００年までには５・５％の費用がかかるが、便益は３・１％である[19]。

この論文はＩＰＣＣの最悪ケース（SSP5－

8.5）を想定したもので、通常シナリオにもとづくと、もっと便益は小さくなる。予測には点線で描いたように大きな幅があるが、最小の場合の費用でも、2100年にようやく便益の中央値に近づく程度で、それまでの損失は回収できない。どう考えても、1・5℃目標の費用はその便益を大幅に上回り、通常の企業の投資プロジェクトとしては実施すべきではない。

では公的投資としては実施すべきだろうか。この論文は国際的に一律の炭素税引き上げなど、最も低コストの対策で気温上昇の抑制目標を実現すると想定しているが、現実には炭素税はほとんど導入されず、各国は石炭の禁止やガソリン車の禁止などのアドホックな規制と補助金を投入している。その費用は、この論文の想定の2倍以上である。2050年ネットゼロ（CO2排出量実質ゼロ）を実現するには、世界一律に最大1200ドル／トンの炭素税をかける必要がある。

これはヨーロッパで最高の炭素税をかけているスウェーデンの137ドル／トンをはるかに上回る。日本円でいうと、18万円／トンである。政府のGX戦略では1万円の「GX賦課金」が提案されているが、そんなものでは何の効果もない。このように桁違いのコストがかかるのは、2050年ネットゼロという目標年次が非現実的だからだ。

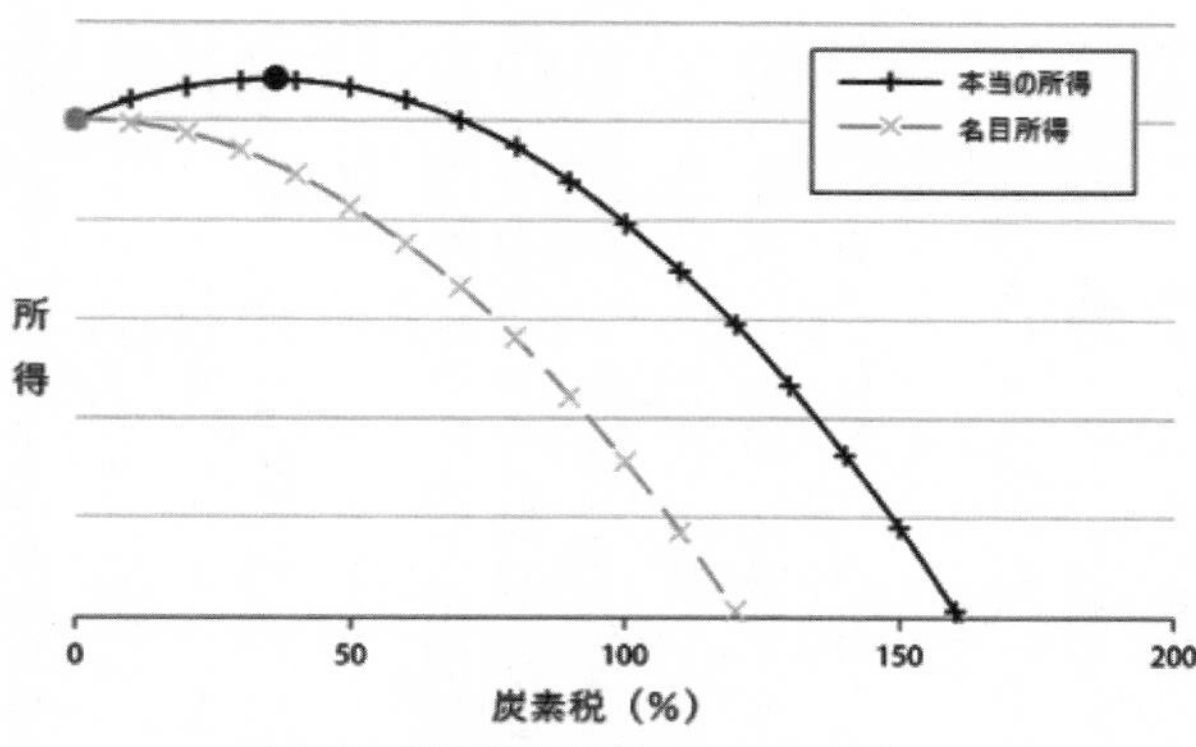

図18　炭素税と所得のトレードオフ

長期的に排出量を減らして１・５℃目標に近づけるとしても、最大５００ドルの炭素税が必要で、これはどこの国も課税できるとは考えられない。日本ではガソリンに４００円／リッターの炭素税をかける必要があるが、岸田政権は70円程度の税率もトリガー条項発動で下げようとしている。現状のようなアドホックな脱炭素化政策にはほとんど効果がなく、地球温暖化は止まらない。

合理的な解決策は炭素税

では脱炭素化は必要だろうか。これについては、１・５℃上昇などという科学的根拠のない目標を設けてコストを考えない「バックキャスティング」で考えるのではなく、少しずつ試行錯誤で考えるべきだ。石炭火力の禁止のようにアドホックに規制するのではなく、所得と環境保護のトレードオフを人々に意識させ、彼らが最適な脱炭素化の水準を選ぶことだ。この関係をウィリアム・ノードハウス（イェール大学教授）は図18のように描いている。[20]

横軸が炭素税で、税率ゼロのとき縦軸の名目所得は最大で、炭素税率が上がると化石燃料の消費が減り、名目所得は下がるが、気温が下がって快適になる。この快適さを加えた所得を「本当の所得」と考えると、炭素税をかけると名目所得は減るが「本当の所得」は増える。それが最大になる点が、最適な炭素税率である。

これ以外に、排出量などの数値目標を設定することは望ましくない。国連で1・5℃目標や2050年カーボンニュートラルなどの非現実的な目標が出てくるのは、それが法的拘束力のない努力目標なので、いくらでも美辞麗句がいえるからだ。損するのはそれをまじめに実行する日本のような国で、利益を得るのは中国のようなフリーライダーである。

GX賦課金は炭素税だが、財界が反対しているため、具体的な数字が出せない。環境省の有識者会議では「炭素1トン当たり1万円程度の炭素税をかけても成長を阻害しない」という調査結果が発表された。日本では1トン当たり1000円で税収がおおむね

1・3兆円なので、炭素税1万円は税収でいうと13兆円になる。消費税6%分だが、この程度ではCO2排出量はゼロにはならない。

普通の国民は、地球の平均気温のために生活しているわけではない。スイスの国民投票では、2050年ネットゼロを実現するための「二酸化炭素法」が51・6%の国民が反対して否決された。この法案では、トン当たり210スイスフラン（約2万5000円）の炭素税がかかることになっていた。ガソリン税は（既存の税と合計して）リッター当たり1スイスフラン以上、税率は100%以上になる。地球環境問題に熱心なスイス人も、さすがに立ち止まったのだ。

このように政府が技術開発に介入するエネルギー政策はやめるべきだ。ノードハウスが提案するのは、技術中立な「グローバルな気候契約」である。これは参加国に同率の炭素税を適用して排出量を削減するもので、法的拘束力のある条約だ。違反した国には懲罰関税などの罰則を設ける代わり、炭素税は40ドルぐらいの実現可能な率とする。

日本の財界は炭素税に反対しているが、ハイブリッド禁止のような裁量的な規制より炭素税のほうがましだ。日本はすでに揮発油税や自動車重量税などで実質的に約4000円／トンの炭素税をかけており、FIT賦課金を加えると負担額は約6000円に相当する。これを炭素税とみなせば、世界全体に40ドルの炭素税をかけるノードハウス案とほぼ同じ負担をしていることになる。

脱炭素化についての経済学者のコンセンサスは、石炭やガソリン車の禁止などのアドホックな規制ではなく、世界一律の炭素税をかけるべきだというものだ。2019年に提案された「炭素の配当についての経済学者の声明」には、4人のFRB議長経験者と28人のノーベル賞受賞者を含む3600人以上が署名し、経済学者の政策提言としては史上最大である。[21]

これは炭素税を課税してその税収を国民に還元することを提言し、そのメリット（炭素の配当）はコストより大きいとしている。提言は次の5項目である。

1 炭素税は、必要な規模とスピードで炭素排出量を削減するもっとも費用対効果の高い方法である。

2 炭素税は排出削減の目標が達成されるまで毎年増やし、税収中立にして政府の規模をめぐる議論を避けるべきである。

3 十分強力で徐々に増える炭素税は、効率の悪いさまざまな炭素規制の必要性を置き換えるだろう。

4　炭素の漏出を防ぎ、アメリカの競争力を守るために、国境を越えた炭素調整システムを確立する必要がある。

5　増加する炭素税の公正さと政治的実行可能性を最大にするため、すべての税収は定額の「炭素の配当」としてアメリカ市民に直接還元されるべきである。

温室効果ガスの削減方法についてはいろいろな議論があるが、排出権取引はしくみが複雑でうまく行かない。他方で炭素税には負担増に対する企業の反対が強く、ほとんど実現していない。この提言は炭素税を国民にすべて還元することを明確にし、その政治的障害を取り除こうとするものだ。

炭素税のもう一つの問題は、炭素を使う工業製品の価格が上がって国際競争で不利になることだが、これについては輸出品を免税にし、輸入品に課税する「国境調整」を提案している。税率としては当初はトンあたり40ドル程度で、徐々に引き上げていくと想定している。このような大増税は政治的には非常に困難だが、民主党が政権を維持すれば実現する可能性もある。

化石燃料を減らすと地球温暖化が加速する

化石燃料の影響は温室効果ガスと大気汚染にわけられるが、この二つは相反する効果をもたらす。CO2は温室効果で気温を上げるが、エアロゾル（SOX）は太陽をさえぎって気温を下げる。この効果は昔から知られており、IPCCの指導者スティーブン・シュナイダーは1971年の論文で「地球寒冷化」を予告した。

大気汚染は今後50年間で6～8倍に増加すると予測されている。この注入速度の増加により、大気の不透明度が4倍に上昇し、地球の温度が3・5℃低下することが予想される。これは氷河期をもたらすのに十分である。[22]

この計算は正しかったのだが、その後の公害対策で大気汚染は大幅に改善され、氷河期は来なかった。エアロゾルが太陽光をさえぎる効果はよくわかっていたが、それを議論したのはクーニンなど少数の「温暖化懐疑派」だけだった。

だが最近はそれをビッグデータを使ったシミュレーションで解析する論文が学術誌に

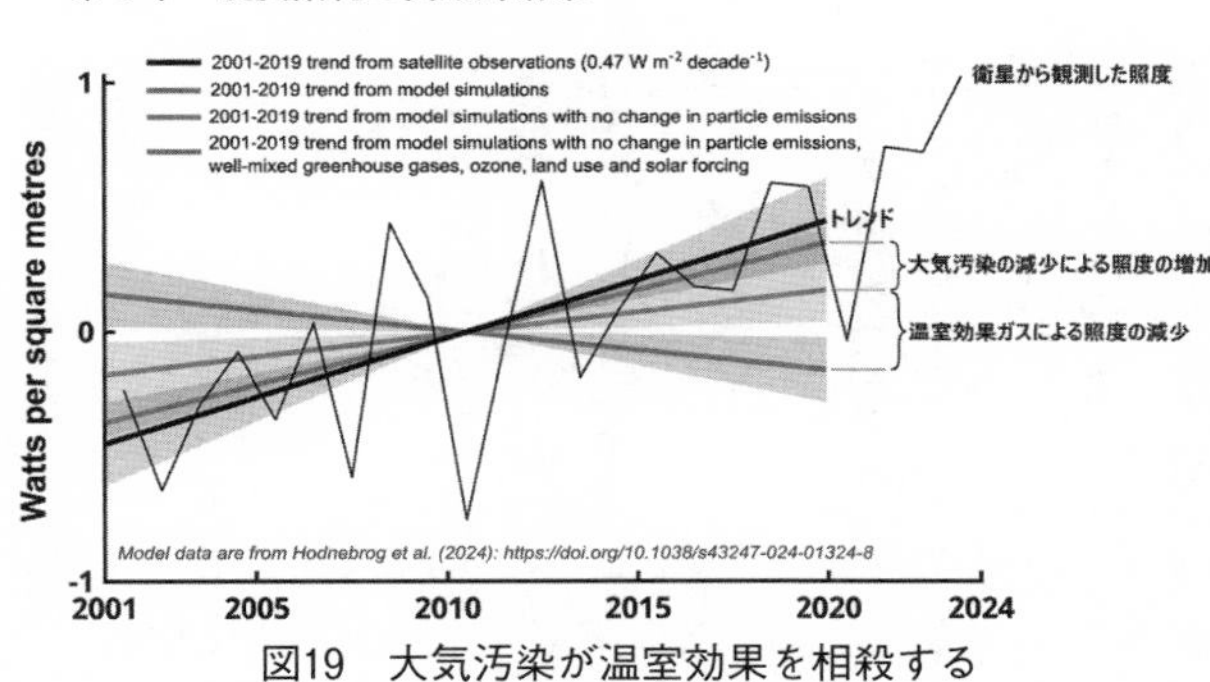

図19　大気汚染が温室効果を相殺する

出ている。その共通の結論は、２０１０年代以降に地球温暖化が加速した原因は、中国が石炭の消費を減らすなど、大気汚染が改善されてエアロゾルが減ったことだというものだ。その代表として、２０２３年４月のNature に掲載された論文を見てみよう。[23]

　図の折れ線は衛星観測データで、そのトレンドが黒の実線である。この24年間にグレーの線で描かれているように温室効果ガスは減ったが、地上の照度は10年間で約０・８Ｗ／m²上昇したため温暖化した。この矛盾を説明するのが大気汚染（エアロゾル）である。空気がきれいになって透過度が上がり、地上の照度が上がってＧＨＧ（温室効果ガス）による照度低下のほぼ40％を相殺した。

　特に２０１０年代以降、中国が石炭の消費を減らして大気汚染を改善したことが地球温暖化に大きな影響を与えた。このまま国連などが推奨しているようにＣＯ２排出量を2050年までにゼロにすると、温室効果ガスによる世界の気温上昇は0・1℃未満に収まるが、エアロゾルによる「透過効果」で気温が1℃上昇するという予想も出ている。[24] つまり化石燃料を減らすと地球温暖化は加速するのだ。

緊急対策は「気候工学」

このように大気汚染の減少の影響が大きくなっていることは最近の研究の一致した結論だが、どうすべきかについては意見がわかれる。コストをかけないでやるには化石燃料を温存して脱硫装置をはずし、大気汚染を増やせばいいが、これでは呼吸器系疾患が増え、年間100万人以上が死亡する。大気汚染は温暖化よりはるかに重要な問題なのだ。

この問題に打ってつけの解決策がある。それがIPCCも検討している「気候工学」である。これはいろいろな方法があるが、その中でもっとも安価で効果的なのは成層圏エアロゾル注入（SAI）である。これは飛行機などを使って成層圏にエアロゾル（硫酸塩などの微粒子）を散布し、雲をつくって太陽光を遮断するものだ。エアロゾルで地表の気温が下がる効果は、火山の噴火で実証されている。1991年のピナツボ山の噴火では、地球の平均気温が約0・5℃下がった。
ＳＡＩの効果は確実で短期的なので、地球温暖化の緊急対策として使える。たとえば南極の氷山が急速に溶けて海面が上昇し始めたとき、飛行機を飛ばしてエアロゾルを散布すればいい。ＩＰＣＣも特別報告書で、確実に1・5℃上昇に抑制できると認めている。理論的には、ＳＡＩで20年以内に工業化以前の水準まで地球の平均気温を下げることができる。これによる雲は上空約20キロメートルの成層圏に滞留するので、大気圏には影響はない。
気温が下がりすぎるなどの副作用も考えられるが、散布をやめれば元に戻る。急にやめると気温が急上昇するが、ゆるやかにやめれば問題ない。散布する硫酸塩は工場で大量に出る廃棄物なので、最初の15年間のコストは全世界で毎年22・5億ドル以下だという。[25]
パリ協定には全世界の協力が必要だが、ＳＡＩは個人でもできる。たとえばこの技術に投資しているビル・ゲイツの資産は1300億ドル以上なので、彼がその気になれば60年ぐらい続けられる。気候工学の効果は火山の噴火で実証されているが、その副作用はやってみないとわからない。始めたらずっと続けなければならないので、国際的な合意があったほうがいい。

気候工学は確かにリスクのある実験だが、脱炭素化は全世界で毎年4兆ドル以上コストをかけて大気の組成を変えようとする無謀な実験で、投資のほとんどはサンクコストになってしまう。それに比べるとＳＡＩのコストは２０００分の１。効果は確実で、やり直しがきく。ＳＡＩをいつでもできるようにオプションとして準備し、それ以外は化石燃料を燃やして普通に生活すればいいのだ。米バイデン政権はＳＡＩを検討し、一部で小規模な実験も行なわれている。

最適な気温上昇は2・6℃

合理的な規制は、すべての国が均等にCO_2を削減することではなく、限界削減費用＝炭素価格になるように世界の削減量を最適化することであり、それは「排出ゼロ」ではない。ノードハウスがノーベル賞講演で指摘したように、その費用あたりの効果が最大になる条件は、将来の損害の現在価値と現在の防止コストが等しくなることだ。[26]
それはどの程度の脱炭素化か。ノードハウスが彼のモデルを改訂した２０２３年の研究によると、最適となる水準は、２１００年に２・６℃上昇する場合である（２０５０

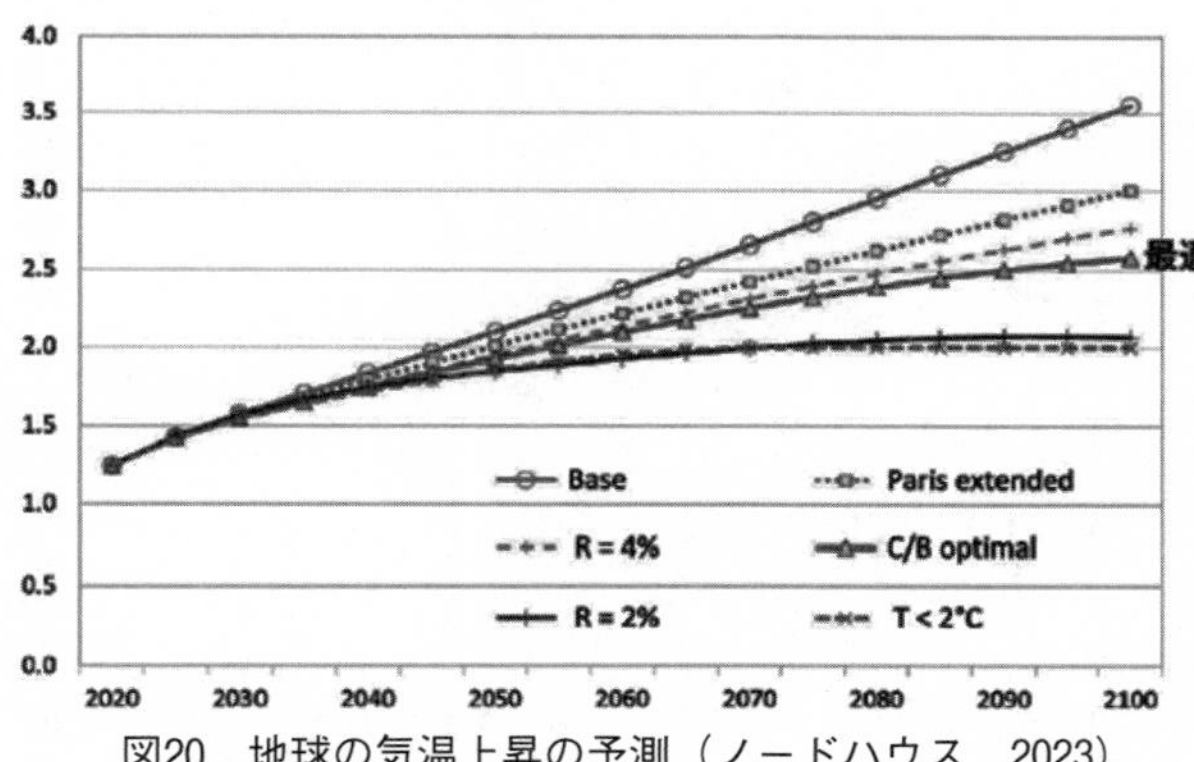

図20　地球の気温上昇の予測（ノードハウス　2023）

年では２℃上昇）。

そのコストは、炭素税でいうと１２５ドル／トン、現在価値で59ドル（９０００円）である。これはガソリンに換算するとリッター21円ぐらいで、不可能ではない。ネットゼロ（T＜1.5℃）にするためには、４１８５ドルの炭素税が必要になる。経済的に無理のない炭素税（９０００円程度）だと２１００年に気温は２・６℃ぐらい上昇するが、２０５０年ネットゼロを無理に実現しようとすると、その70倍のコストがかかるのだ。

それによって避けられる被害は、先進国ではほとんどない。北半球では凍死が減り、農産物の収穫が増えるメリットのほうが大きい。地球温暖化はグローバルサウスの問題なのだ。熱帯を救うためには、開発援助で食料や医療援助をすれば数百万人の命を救うことができる。地球の平均気温を1℃下げるのとどっちが大事か、熱帯の人々に聞いてみればわかる。

日本が莫大なコストをかけて脱炭素化をやっても成長率が下がるだけで、熱帯の人々の利益にもならない。それより途上国が気候変動の被害に「適応」する援助をしたほうがいい。それがCOP28で「ロス&ダメージ」としてグローバルサウスが求めたことである。日本のエネルギー論議では、まず脱炭素化が至上命令になり、それを実現するために他の政策手段を動員するという形になっているが、目的は脱炭素化ではなく、快適な環境を実現することだ。気温はその一つの要因にすぎない。

ノードハウスは投資収益（将来の損害の現在価値）と現在の防止コストが等しくなる最適の水準は、2100年に2・6℃上昇ぐらいに抑えることだといっているが、これはIPCCの予想する3℃上昇に近いので、急激な温暖化対策をとらなくても実現できる。

削減費用が世界最大の日本がこれ以上削減するより、削減費用の低い途上国に削減技術を輸出したほうがいい。環境問題を解決するのは「脱成長」ではなく、資本主義と技術革新なのだ。少なくとも先進国にとっては1・5℃目標は過剰対策であり、莫大なコ

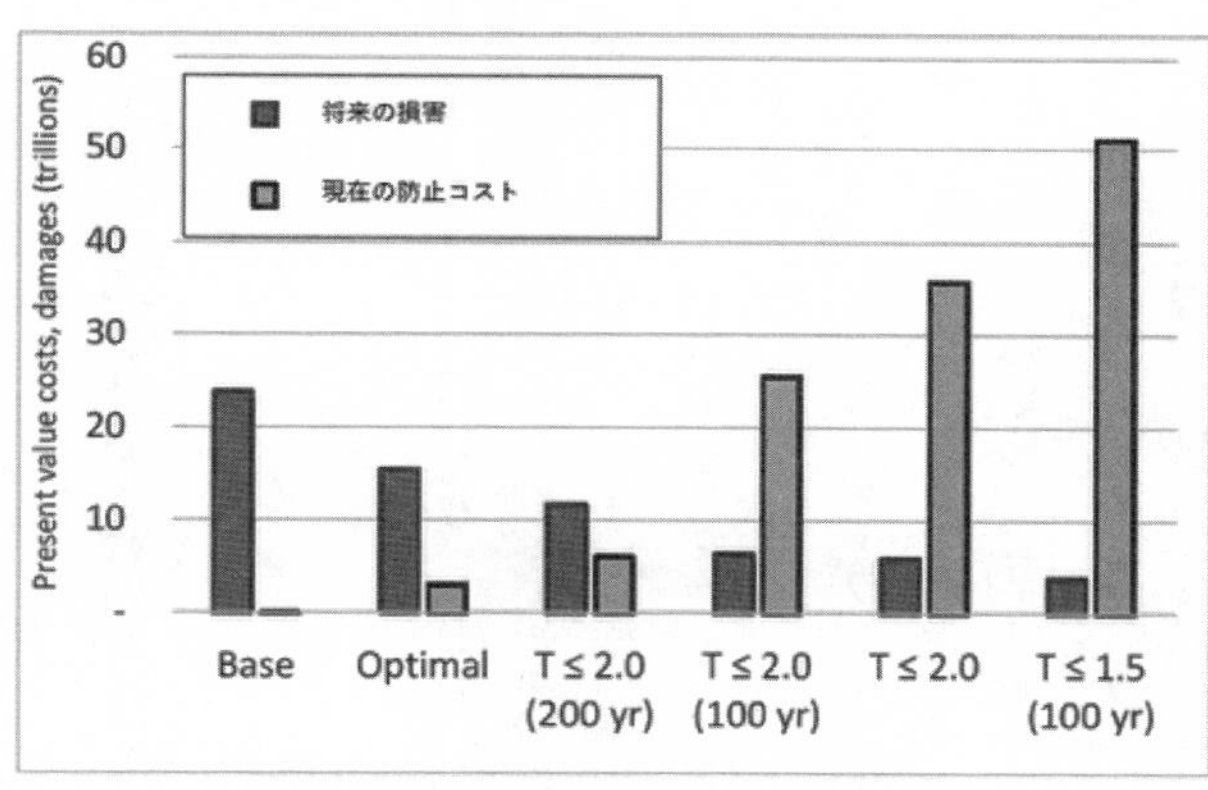

図21　地球温暖化の損害とそれを防ぐコスト

ストをかけて気候変動の緩和をおこなうメリットはほとんどない。

必要なのは脱炭素化ではなく、被害を受ける熱帯に焦点を絞った「適応」である。IPCCも第2作業部会は、適応をテーマにした。2023年にドバイで開かれたCOP28では、1・5℃目標が事実上取り下げられた。それは化石燃料を排除せず、途上国が豊かになって環境を改善する現実的な道である。

終章　環境社会主義の終わり

２０２４年6月に行なわれた欧州議会選挙では、ドイツで脱炭素化・原発ゼロを急進的に進めてきた与党の社会民主党と緑の党が敗北し、原発推進を求めるキリスト教民主同盟とＡｆＤ（ドイツのための選択肢）が大きく票を伸ばした。フランスでも原子力推進を求める国民連合が第一党となり、ＥＵの脱炭素化政策に反対する勢力が、議会のほぼ半数を占めた。

他方アメリカでは、トランプ前大統領が２０２４年11月の大統領選挙で再選される見通しが強まり、これまで欧米で進められてきた過激な脱炭素化政策は軌道修正を迫られるだろう。そもそも全世界で毎年4兆ドル以上の脱炭素化費用を調達する目途は立っていない。今までは化石燃料やガソリン車を悪者にしてきたが、ネットゼロを実現するには、そんな規制ではとても足りないのだ。

1・5℃目標は死んだ

２０２３年12月にドバイで行われたＣＯＰ28は、ほとんど話題にならなかった。合意文書にも特筆すべきものがなく、何も決まらなかったからだ。今回は「化石燃料の段階的廃止」（phase out）という文言を合意文書に入れるかどうかが焦点だったが、中国やインドや途上国が反対し、「段階的削減」（phase down）という言葉になり、さらに化石燃料からの「脱却」（transition away）という玉虫色の表現に落ち着いた。

ＣＯＰの歴史は、科学ではなく政治が気候変動対策を決める歴史だった。その正式名称は国連気候変動枠組条約（ＵＮＦＣＣＣ）の締約国会議。発効したのは１９９４年だが、最初に合意文書がまとまったのは１９９７年のＣＯＰ3の京都議定書だった。日本は温室効果ガスの６％削減という義務を飲まされたが、これはＥＵの罠だった。

次の大きな区切りは２０１５年のパリ協定だった。このときは2℃上昇で抑えるという目標と、できれば１・５℃上昇に抑えるという努力目標が設定されたが、２０１７年にアメリカがパリ協定を脱退して、実現は不可能になった（バイデン政権で復帰）。その後のＣＯＰでは毎年、この１・５℃目標を正式の目標に昇格させようとするＥＵ諸国と、それに反対するグローバルサウスの対立が繰り返されてきた。

いま思えば、2021年にグラスゴーで開かれたCOP26が、ヨーロッパが主役になった最後だった。COP27では、逆にグローバルサウスが先進国に気候変動の損害を賠償するよう求める「ロス&ダメージ」(loss and damage)の基金創設が決まり、1・5℃目標は放棄された。その後は「ガソリン車の禁止」や「石炭火力の禁止」などに一部の国が合意しただけで、全締約国の合意としては化石燃料の廃止が最後の争点だったが、これも失敗に終わった。

これまで1・5℃目標や化石燃料などをめぐって、EUとグローバルサウスの対立が繰り返されてきたが、COP28では両者の力関係が逆転した。世界のCO2の半分以上をグローバルサウスが排出している現状では、彼らが協力しないと合意は実現できない。そして彼らが求めているのは、100年後の温暖化防止ではなく今の経済発展である。

再エネだけで工業化はできず、化石燃料は不可欠である。いま熱帯で起こっている洪水などの被害を防ぐには、脱炭素化よりインフラ整備などのほうがはるかに安価で効果的だ。こういう認識はCOPに集まるエリートには共有されているが、マスコミはグレタのように人類が滅亡の淵にあると信じている。

こうしてゆるやかにＣＯＰは死んでゆく。それは社会主義インターナショナルが失敗に終わり、消えていった歴史の再現をみるようだ。脱炭素化は環境社会主義であり、それを理想とする国では実現できるが、それを認めない国は協力しない。気候変動をゼロにしようという理想は美しいが、世界にはまだ電力のない生活をしている人が７・６億人もいるのだ。１００年後のＣＯ２濃度を心配するのは、衣食足りてからで十分である。

世界経済のエンジンはグローバルサウスなので、本当に１・５℃目標に必要な排出削減を実現するには巨額の開発援助が必要になる。彼らは毎年１兆ドル以上の「損害と賠償」を求めているが、先進国の途上国支援は１０００億ドルにも達していない。

合意文書では「１・５℃目標を射程に入れた」目標を盛り込んだが、それを実現する財源措置は何もない。２０２１年、２０２２年、２０２３年と３年連続で世界の排出量は最高値を更新し続けている。１・５℃目標はもう死んだのだが、誰もそれを口にしないで、非現実的な目標を掲げ、資金を要求している。

化石燃料は命を救う

ＪＩＣＡ（国際協力機構）がバングラデシュで建設していた石炭火力プロジェクトが、

2022年6月に打ち切られた。これは外務省の予算1372億円で、バングラデシュのマタバリ地域に出力240万キロワット（60万キロワット×4）の超々臨界圧石炭火力発電所を建設する計画だった。バングラでは電力需要が急速に伸びる一方、電力設備が追いつかないので、バングラ政府の要請で始まった開発援助である。

住友商事が受注し、第1期工事では60万キロワットの石炭火力発電所を2基建設中で、2024年に稼働する予定である。しかし2021年のG7サミットで石炭火力に対する政府の新規支援を停止することで合意し、第2期工事が国際的な反対運動のターゲットとなった。マタバリのように進行中の案件は停止の対象外だったが、小泉進次郎環境相が石炭火力からの撤退を打ち出したため、外務省が政治的配慮から援助を打ち切ったのだ。

バングラでは今後も100万〜150万キロワットの電力が不足する見込みで、エリア別に1日当たり1〜2時間の計画停電を実施する。2022年10月には全土で停電が起こり、首都ダッカを含む国土の80％で電力が途絶えた。バングラでは毎年12万人以上が大気汚染で死亡している。その最大の原因は、電気のない地域で照明や暖房などに使われる薪による室内汚染である。電力は命を救うのだ。

先進国が大気汚染よりＣＯ2を気にするのは、大気汚染はほぼ解決し、残る環境問題は温暖化だけだからだ。しかし一人当たりＧＤＰが２５００ドルのバングラで大事なのは、１００年後の気温ではなく、きょうの生活に必要な電力である。途上国に必要なのは、まず豊かになることだ。そのためには、途上国が自力で国土開発を進められる電力などのインフラ整備が重要である。

気候変動はグローバルな問題だが、他にもグローバルな問題はたくさんある。ビョルン・ロンボルグの「コペンハーゲン・コンセンサス」は、その費用対効果を計算して、優先順位をつけている。1万ドルの費用で何人の命が救えるかを計算すると、慢性疾患（糖尿病など）の予防で3・4人、出産の健康で2・8人、結核の予防で1人である。[27]

今でも世界では結核で毎年１４０万人が死んでいるが、先進国ではほぼゼロなので、関心をもたれていない。コロナワクチンは1万ドルで0・01人の命も救えないので、費用対効果は結核よりはるかに悪い。経済政策としてもっとも効果的なのは学校教育で、1ドルの費用で61ドルの便益がある。

気候変動対策はあまりにも長期にわたるため、もっとも効率的な方法（世界一律の炭素税）でも、1ドルで2ドルの便益しかない。ＣＯ2排出ゼロのような割り当て政策は、

1ドルの費用による便益が1ドル未満で、非生産的である。人類の直面している問題は多く、その中では地球温暖化は緊急の問題でも最優先の問題でもない。

このようなグローバルサウスの生活を改善するために必要なのは、石炭火力の輸出を止めて彼らを貧困に陥れることではなく、少しでもエネルギーを供給し、薪の煙で死ぬような生活から脱却させることだ。化石燃料は命を救うのである。

「緩和」から「適応」へ

2022年にエジプトで開かれたCOP27では、発展途上国に対する「ロス&ダメージ」の基金設立が決まった。これは今まで温室効果ガスを排出して地球温暖化の原因をつくった先進国が、その被害者である熱帯の途上国の損害を賠償する形になっているが、目的は洪水や干魃などの災害を防ぐインフラ整備による「適応」のコストを先進国が負担する点である。

京都議定書以来、気候変動対策は、温室効果ガスの排出を削減する「緩和」しか考えてこなかったが、これは膨大なコストがかかる割に効果が少ない。それよりいま被害の出ている熱帯の途上国の被害を救済すべきだという要求を途上国が出した。EUは1・

5℃目標を抱き合わせにする合意案を出し、途上国が「化石燃料の段階的廃止」(phase out) に協力しないと金を出さないという条件をつけたが、議長国のエジプトが反対した。

中国やサウジアラビアが「途上国にも豊かになる権利がある」と主張したのに対して、EU代表は「1・5℃目標が合意に入らないならEUは退席する」と脅す異例の展開になり、会期は2日延長された。最終合意には「特に脆弱な国がこうむる気候関連の損害を賠償するための新たな基金創設」が明記されたが、1・5℃目標についての文言は削除され、化石燃料の段階的廃止も消えた。

この基金の金額は未定だが、途上国の洪水や干魃を防ぐためには、毎年1兆ドルの資金援助が必要だ。それに対して先進国がおこなっている気候変動に関する開発援助は、世界全体で800億ドル。これを1000億ドルまで増やすのが国連の目標だが、それでも1桁足りない。

世界の開発援助の総額は1800億ドル。その5倍以上を気候変動だけに使うわけには行かない。途上国の抱える問題は、食糧、水、感染症など多岐にわたり、気候変動の優先順位は高くない。

気候変動問題は、ＥＵの意識が高い金持ちのお遊びだったが、ウクライナ戦争で、ＥＵでも化石燃料の不足が経済に及ぼす絶大なインパクトが明らかになった。彼らも生活を維持するエネルギー確保が最優先の課題になり、化石燃料の段階的廃止などという目標は出せなくなった。

開発援助は地味な問題で、「脱成長」や「消費文明の転換」などの文明論とは無関係だ。他国への資金援助だから「グリーン成長」も不可能だが、化石燃料は途上国の成長に必要であり、豊かになって生活に余裕ができれば、途上国も環境に配慮できるようになる。それが産業革命以後の歴史で、先進国が証明したことである。

20世紀に労働者の貧困を救おうとした人々は社会主義を選んだが、それは結果的には貧困を拡大しただけだった。職を失った社会主義の活動家が次の目標として選んだのが環境問題だったが、これもエネルギー不足と貧困を拡大しただけだ。グローバルサウスは「脱炭素化より生きるためのエネルギーが必要だ」と声を上げ始めた。

ロシア革命からベルリンの壁の崩壊まで72年かかったが、環境社会主義の終わりは意外に早く訪れそうだ。１００年後の気温を1℃下げることより大事な問題が、世界には山ほどある。環境政策の目的は快適な生活を実現することであって、ＣＯ２を減らすことではない。脱炭素化のために途上国に貧困を強いるのではなく、経済発展で豊かになることによって環境を守る道を考える必要がある。

典拠一覧

1 D. Wallace-Wells, *The Uninhabitable Earth (Adapted for Young Adults)*, Delacorte Press, 2023

2 https://www.nytimes.com/2009/11/21/science/earth/21climate.html

3 World Climate Declaration, *The Frozen Climate Views of the IPCC*, Clintel Foundation 2023

4 S・クーニン『気候変動の真実』日経ＢＰ社

5 中川毅『人類と気候の10万年史』講談社

6 https://climateataglance.com/climate-at-a-glance-global-tropical-cyclones/

7 M.J. Burn & S.E. Palmer, "Atlantic Hurricane Activity during the Last Millennium", *Nature Scientific Reports*, 2015

8 https://www.naro.go.jp/publicity_report/publication/files/no110_4.pdf

9 Q. Zhao et al. "Global, Regional, and National Burden of Mortality Associated with Non-optimal Ambient Temperatures from 2000 to 2019", *Lancet Planetary Health*, 2021

10 Zhao et al. "Projections of temperature-related excess mortality under climate change scenarios", *Lancet Planetary Health*, 2017

11 T.A. Carleton et al. "Valuing the Global Mortality Consequences of Climate Change Accounting for Adaptation Costs and Benefits", *Quarterly Journal of Economics*, 2022

12 "The Social Responsibility of Business Is to Increase Its Profits" https://www.nytimes.com/1970/

09/13/archives/a-friedman-doctrine-the-social-responsibility-of-business-is-to.html
13 https://ourworldindata.org/
14 R. Darwall, *Green Tyranny*, Encounter Books
15 "*Rethinking Transportation* 2020-2030", https://www.wsdot.wa.gov/publications/fulltext/ProjectDev/PSEProgram/Disruption-of-Transportation.pdf
16 https://advisoranalyst.com/wp-content/uploads/2023/05/bofa-the-ric-report-the-nuclear-necessity-20230509.pdf
17 https://www.nies.go.jp/whatsnew/2023/20230801/20230801.html
18 "*World Energy Outlook* 2023", https://www.iea.org/reports/world-energy-outlook-2023
19 R. Tol et al. "Costs and Benefits of the Paris Climate Targets", *World Scientific*, 2023
20 W・ノードハウス『グリーン経済学』みすず書房
21 "Economists' Statement on Carbon Dividends", https://clcouncil.org/economists-statement/
22 S.I. Rasool & S. Schneider, "Atmospheric Carbon Dioxide and Aerosols", *Science*, 1971
23 Ø. Hodnebrog et al. "Recent Reductions in Aerosol Emissions Have Increased Earth's Energy Imbalance", *Nature*, 2024
24 P. Wang et al. "Aerosols Overtake Greenhouse Gases Causing a Warmer Climate and More Weather Extremes toward Carbon Neutrality"

25 W. Smith & G. Wagner “Stratospheric Aerosol Injection Tactics and Costs in the First 15 Years of Deployment”, *Environmental Research*, 2018

26 https://www.nobelprize.org/prizes/economic-sciences/2018/nordhaus/lecture/

27 B. Lomborg, *Best Things First*, Copenhagen Consensus Center

池田信夫　1953年生まれ。株式会社アゴラ研究所代表取締役。東京大学経済学部卒。ＮＨＫ職員、国際大学ＧＬＯＣＯＭ教授、経済産業研究所上席研究員などを経て現職。学術博士（慶應義塾大学）。

Ⓢ新潮新書

1054

脱炭素化は地球を救うか

著　者　池田信夫

2024年８月20日　発行

発行者　佐　藤　隆　信

発行所　株式会社 新潮社

〒162-8711　東京都新宿区矢来町71番地
編集部(03)3266-5430　読者係(03)3266-5111
https://www.shinchosha.co.jp
装幀　新潮社装幀室

印刷所　錦明印刷株式会社

製本所　錦明印刷株式会社

ISBN978-4-10-611054-2　C0231

Ⓢ新潮新書

951
自衛隊最高幹部が語る台湾有事
岩田清文　武居智久
尾上定正　兼原信克

自衛隊の元最高幹部たちが、有事の形をリアルにシミュレーション。政府は、自衛隊は、そして国民は、どのような決断を迫られるのか。「戦争に直面する日本」の課題をあぶり出す。

919
中国「見えない侵略」を可視化する
読売新聞取材班

「千人計画」の罠、留学生による知的財産収集――いま中国が狙うのが「軍事アレルギー」の根強い日本が持つ重要技術の数々だ。経済安全保障を揺るがす専制主義国家の脅威を、総力取材。

1007
ウクライナのサイバー戦争
松原実穂子

もともとは「サイバー意識低い系」だったウクライナは、どのようにして大国ロシアと互角以上に戦えるまでになったのか。サイバー専門家によるリアルタイムの戦況分析。

908
国家の尊厳
先崎彰容

暴力化する世界、揺らぐ自由と民主主義――日本が誇りある国として生き延びるために、国と個人はいったい何に価値を置くべきか。令和を代表する、堂々たる国家論の誕生！

892
兜町の風雲児
中江滋樹　最後の告白
比嘉満広

カネは、両刃の剣だよ……投資ジャーナル事件、巨利と放蕩、アングラマネー、逃亡生活、相場の裏側……20代にして数百億の金を動かした伝説の相場師、死の間際の回想録。